# 网页
# 设计与制作

## 项目化教程

主　编　王　瑶　韩亚军

副主编　余晓兰　周清青

复旦大学出版社

# 内容提要

本书通过"基础知识 + 中小实例 + 综合案例"的方式，讲述了网页设计与制作必备知识。本书是一本适合快速入手的教程，包括 HTML 基础，图片、超链接与列表，表格与框架，交互控件表单，层叠样式表 CSS，CSS 盒模型，设计内容元素的 CSS，设计网页布局的 CSS，网页布局与设计技巧等技术。本书内容涵盖了"HTML+CSS"的所有重要特性，通过大量实际案例对"HTML+CSS"的重要特性进行了详细讲解，内容全面丰富，易于理解，能够帮助读者提升实际应用技能。本书内容翔实、结构清晰、循序渐进，基础知识与案例实战紧密结合，既可作为网页设计初学者的入门教材，也适合作为中高级用户对新技术作进一步学习的参考用书。

扫码获取相关程序代码

# 前　言 //////////////////////////////////////////////////////////

随着信息时代的不断发展，互联网使全球信息共享成为了现实。它正逐步改变着人们的生活和工作方式，电子商务、电子社区、网络政府、网络文化等构筑了一个异彩纷呈的网络世界。我们利用Internet（因特网）可以方便地获取所需要的信息，实现足不出户游天下。网页和网站是Internet的重要组成部分。对于公司和企业，可以利用网站来展示企业形象，宣传企业，推介产品并进行电子商务活动，带来无限商机；对于个人，可以按照爱好和兴趣建立一个具有独特风格的网站，通过它来互通有无，展示自我，共享资源；对于政府机关，可以利用网站宣传政策法规和进行网络办公，实现电子政务。制作出精美的网页来吸引浏览者的目光，提高网站的知名度，是大家追求的目标，而这一切都依赖于网页设计和制作技术的运用。

目前，网页制作技术已不再是网络专业技术人员应该熟练掌握的了，普及与推广网络应用技术已经成为各类大、中专院校计算机基础教育改革的重点课题。同时，现在许多高等院校都开设了"网页设计与制作"课程，它已成为信息管理、电子商务和计算机网络等专业的必修课，并且也受到了其他专业学生的喜欢，成为选修率很高的一门课程。为此，我们在多年教学实践的基础上，本着知识系统、全面、够用、实用的原则，在重视实践能力培养的指导方针下编写了本书，本书可以帮助初学者在最短的时间内快速掌握最实用的网页设计与制作知识。

本书作者有着多年从事网页设计与制作的经验，并长期从事这方面的教学工作，能够把握本课程的教学规律。本书既考虑了老师"教"的方便，又考虑了学生"学"的轻松，是作者多年来教学工作的体会和总结。具体来说本书具有以下四大特点：

（1）本书所选教学案例，均来自企业实际应用领域。通过为学生提供丰富、有意义的真实情境，实现知识与技能、经验、素养的高度结合，使学生获得实际岗位工作技能，知行合一。

（2）体系架构灵活，内容丰富。全书分为十个项目，内容既相互关联，又相对独立。可根据教学要求灵活组合。

（3）语言精练，实践性强。全书语言精练，同时所有的命令和案例都是可操作的，学习者可自己通过实践来体验,在实践中掌握语法与应用技巧。

(4)由浅入深,循序渐进。本书由浅入深,循序渐进,系统地介绍了网页的构思、规划、设计和制作的全过程。本书抛弃了许多初学者暂时用不上的内容,着眼于每个设计软件和工具中最实用的部分,尽可能让初学者在最短的时间里亲手制作出自己满意的网站。

本书由重庆城市职业学院王瑶、韩亚军拟订大纲和主编,重庆城市职业学院杨东、余晓兰、重庆智绘点途科技有限公司周清青为副主编,项目一、项目二由杨东、余晓兰、周清青编写,项目三至项目八由王瑶编写,项目九、项目十由韩亚军编写,龙莎、何瑞英、罗群参与了本书各案例的设计、编写和调试工作。

本书在编写过程中得到了重庆智绘点途科技有限公司的支持,在此一并表示衷心的感谢。

由于作者水平有限,书中难免有不当之处,敬请读者提出宝贵意见,以便及时改正。

编　者

2020 年 6 月

# 目 录 /////////////////////////////////////////////////////

# HTML 基础 ///////////////////////////////////////

项目 重点

- ◆ 会使用 HTML 的基本结构创建网页
- ◆ 会使用文本相关标记排版文本信息

1989 年,欧洲核子研究组织(CERN)的研究员蒂姆·伯纳斯-李(Tim Berners-Lee)创建了一种基于标记的语言 HTML,它可看作 SGML(标准通用标记语言)的简单应用,开始时仅仅提供一种对静态文本的信息显示的方法,后来产生越来越多的标记。

1996 年,人们开始致力于描述一个新的标记语言,它是一种在 Web(万维网)中应用 SGML 的具有灵活性和强大功能的方法,W3C(全球万维网联盟)是制定其公共的协议、促进万维网的发展并确保其互操作性的国际组织。1998 年 2 月,W3C 批准了 XML 1.0 规范。XML(可扩展的标记语言)具备 SGML 的核心特性,但很简洁,它的内容甚至不到 SGML 的十分之一。

## 1.1　HTML 网页简介

Web 上的一个超媒体文档称为一个页面(page)。作为一个组织或者个人在 Web 上放置开始点的页面称为主页(home page)或首页,主页中通常包括有指向其他相关页面或其他节点的指针(超级链接)。所谓超级链接,就是一种统一资源定位器(uniform resource locator,缩写:URL)指针,通过激活(点击)它,可使浏览器方便地获取新的网页。这也是 HTML 获得广泛应用的最重要的原因之一。在逻辑上将视为一个整体的一系列页面的有机集合称为网站(website 或 site)。超级文本标记语言(hyper text markup language,缩写:HTML)是为"网页创建和其他可在网页浏览器中看到的信息"设计的一种标记语言。

网页的本质就是超级文本标记语言,通过结合使用其他的 Web 技术(如脚本语言、公共网关接口、组件等),可以创造出功能强大的网页。因而,超级文本标记语言是 Web 编程的基础,也就是说 Web 是建立在超文本基础之上的。超级文本标记语言之所以称为超文本标记语言,是因为文本中包含了所谓"超级链接"点。

### 1.1.1 HTML 的由来与历程

1982 年,英国计算机科学家伯纳斯-李(见图 1-1)为使世界各地的物理学家能够方便地进行合作研究,建立了使用于其系统的 HTML。伯纳斯-李设计的 HTML 以纯文字格式为基础,可以用任何文字编辑器处理,最初仅有少量标记(TAG)而易于掌握运用。这是 HTML 最早的形态。

图 1-1

1989 年仲夏之夜,伯纳斯-李成功开发出世界上第一台 Web 服务器和第一台 Web 客户机。虽然这台 Web 服务器简陋得只能说是 CERN 的电话号码簿,只是允许用户进入主机以查询每个研究人员的电话号码,但它实实在在是一个所见即所得的超文本浏览/编辑器。1989 年 12 月,伯纳斯-李为它的发明正式定名为 World Wide Web,即我们熟悉的 WWW;1991 年 5 月,WWW 在 Internet 上首次露面,立即引起轰动,获得了极大的成功,被广泛推广应用。

Web 通过一种超文本方式,把网络上不同计算机内的信息有机地结合在一起,并且可以通过超文本传输协议(HTTP)从一台 Web 服务器转到另一台 Web 服务器上检索信息。Web 服务器能发布图文并茂的信息,甚至在软件支持的情况下还可以发布音频和视频信息。此外,Internet 的许多其他功能,如 E-Mail、Telnet、FTP、WAIS 等都可通过 Web 实现。

作为 Web 之父的伯纳斯-李已经功成名就。但并不像大多数普通人认为的那样——和其他科学发明一样,WWW 的建立是通向致富的捷径。与那些依托互联网一夜暴富之士相比,伯纳斯-李仍然坚守在学术研究岗位上,那种视富贵如浮云的胸襟,真正展现了一个献身科学的学者风度。

1994 年,伯纳斯-李创建了非营利性的 W3C,邀集 Microsoft、Netscape、Sun、Apple、IBM 等共 155 家互联网著名公司,致力于达成 WWW 技术标准化的协议,并进一步推动 Web 技术的发展。伯纳斯-李坚持 W3C 最基本的任务是维护互联网的对等性,让它保有最起码的秩序。

随着 HTML 使用率的增加,人们不满足只能看到文字。1993 年,还是大学生的马克·

安德森(Marc Andreessen,见图 1－2)和几个志同道合的朋友一起写出了 Internet 浏览软件 Mosaic,从此可以在 Web 页面上浏览图片。

图 1－2

Mosaic 给万维网以极大活力,人们发现它使万维网成为发布和交换信息最方便的地方。使用 Mosaic 的人都很满意,但也有人担心在万维网上加上图形会带来麻烦。因为图形比文字要求更高的传输速度,人们担心这会导致网络堵塞。

Mosaic 的工程师开足马力工作,Mac、PC、Unix 等所有平台的浏览器都在同时开发。这时候公司的名字被改为"网景"(Netscape),浏览器的名字也被改为 Navigator(领航员)。Navigator 没有一行代码来自 Mosaic。1994 年 10 月 13 日,Navigator 在网上发布,不到 1 小时就被下载了数以千计的拷贝。Navigator 比 Mosaic 快 10 倍,而且增加了许多特性,提高了安全保密性。安德森被称为互联网的点火人。

### 1.1.2 Internet 技术

Internet 的意思是互联网,又称网际网路,也被叫作因特网、英特网,是网络与网络之间所串联成的庞大网络,在这个网络中有种类繁多的服务器和数不尽的计算机、终端。互联网并不等同万维网,万维网只是基于超文本相互链接而成的全球性系统,且是互联网所能提供的服务之一。

在信息技术发达的今天,我们每天都可以感受到 Internet 技术在生活中的巨大作用。通过 Internet,我们可以每天浏览到最新的新闻,可以在电子商城选购自己心爱的物品,可以和世界各地的朋友一起玩游戏,等等。

网络技术应用中使用最广泛的就是网页技术,而我们要了解的是,网页技术属于一种 B/S 结构技术。

说明:B/S 结构,即 Browser/Server(浏览器/服务器)结构,就是只安装维护一台服务器,而客户端采用浏览器运行软件。

## 1.2 HTML 网页技术简介

HTML 网页技术是一切网页技术的基础,只有学习好 HTML 技术,才能做出精美的网站。本节将详细阐述 HTML 网页技术,希望读者在学习过程中认真体会并多动手实践。

### 1.2.1 什么是 HTML

HTML 是用来描述网页的一种语言,即超文本标记语言。它并不是计算机编程语言,而是一种由标记语言(markup language)组成的描述性文本。

HTML 标记用于说明并且组织网页上的文字、图形、动画、声音、表格、链接等。网页上的内容都是由 HTML 标记组织起来的,可见 HTML 技术在网页中的重要性。

组织网页元素的 HTML 标记是由"<"和">"包括的,这些 HTML 标记也可以称为 HTML 标记。一般的 HTML 标记都是成对出现的,被组织的网页元素在首尾标记内,如<h1>标题</h1>;也有少数标记是单个出现的,如<hr />、<img />等。

网页文件,即采用 HTML 标记组织内容并符合 HTML 规范的文件,一般扩展名为 html 或 htm。

> 说明:HTML 格式的文件是一种文本文件,里面的内容都是文本。

### 1.2.2 HTML 发展史

随着互联网的发展壮大,人们认为仅有图片还是不够,希望可将任何形式的媒体加到网页上。因此 HTML 不断地扩充和发展。

- 1993 年 6 月,作为互联网工程工作小组(IETF)工作草案发布(并非标准)。
- HTML 2.0——1995 年 11 月,作为 RFC 1866 发布,在 RFC 2854 于 2000 年 6 月发布之后被宣布已经过时。
- HTML 3.2——1997 年 1 月 14 日,W3C 推荐标准。
- HTML 4.0——1997 年 12 月 18 日,W3C 推荐标准。
- HTML 4.01(微小改进)——1999 年 12 月 24 日,W3C 推荐标准。
- XHTML 1.0——2000 年 1 月 26 日发布,是 W3C 推荐标准,后来经过修订于 2002 年 8 月 1 日重新发布。
- XHTML 1.1——2001 年 5 月 31 日发布。
- XHTML 2.0——W3C 的工作草案,由于改动过大,学习这项新技术的成本过高,而最终失效,因此,现在最常用的还是 XHTML 1.0 标准。
- HTML 5——2014 年 10 月 28 日,W3C 推荐标准。
- ISO/IEC 15445:2000("ISO HTML")——2000 年 5 月 15 日发布,基于严格的 HTML 4.01 语法,是国际标准化组织和国际电工委员会的标准。

在本课程中我们将以 HTML 4.01 的标准来学习网页技术,HTML 5 将作为后续课程进行深入学习。HTML 4.01 与 HTML 5 主要差异在标记的新增及删除。

### 1.2.3 W3C 标准

W3C 创建于 1994 年,是 Web 技术领域最具权威和影响力的国际中立性技术标准机构。到目前为止,W3C 已发布了 200 多项影响深远的 Web 技术标准及实施指南,如广为业界采用的超文本标记语言(HTML)、可扩展标记语言(XML)以及帮助残障人士有效获得 Web 内容的信息无障碍指南(WCAG)等,有效促进了 Web 技术的互相兼容,对互联网技术的发展和应用起到了基础性和根本性的支撑作用。

W3C 标准不是某一个标准,而是一系列标准的集合。网页主要由三部分组成:结构(structure)、表现(presentation)和行为(behavior)。对应的标准也分三方面:结构化标准语言主要包括 XHTML 和 XML,表现标准语言主要包括 CSS,行为标准主要包括对象模型(如 W3C DOM)、ECMAScript 等。这些标准大部分由 W3C 起草和发布,也有一些是其他标准组织制定的标准,如 ECMA(European Computer Manufacturers Association)的 ECMAScript 标准。

### 1.2.4 HTML 网页的基本组成结构

HTML 文件内容主要包含在<html>和</html>标记内,完整的网页文件应该包括头部和主体两大部分。

头部的 HTML 标记是<head>和</head>,这里主要放置网页文件描述浏览器所需的基本信息。例如<meta http-equiv="Content-Type"content="text/html;charset=utf-8"/>表示描述浏览器解析的编码方式、<title>HTML 基本组成结构</title>表示描述网页头标题显示的内容等。

主体的标记是<body>和</body>,包含所要描述的网页具体内容。

在今后的学习中,HTML 的网页结构一定要严谨书写,养成良好的编写习惯。网页的主要组成结构如下所示:

```
<!DOCTYPE HTML PUBLIC "-//W3C//DTD HTML 4.01 Transitional//EN" "http://www.w3.org/TR/html4/loose.dtd">
<html>
  <head>
    <meta http-equiv = "Content-Type" content = "text/html; charset = utf-8" />
    <title>HTML 基本组成结构</title>
  </head>
  <body>
    Hello World!
    Hello China!
  </body>
</html>
```

在上列 HTML 代码中,声明了文档的根元素是 html,它在公共标识符 PUBLIC "-//W3C//DTD HTML 4.01 Transitional//EN"的 DTD 中进行了定义,表示告诉浏览器如何寻找此公共标识符的 DTD。如果找不到,浏览器将使用公共标识符后面的"http://www.w3.org/TR/html4/loose.dtd"寻找 DTD 的位置。在 HTML 4.01 版本中分别有 3 种 DTD 定义方式,我们可以根据需求选择相应 DTD 的定义。

**1. HTML 4 严格版本(Strict)DTD**

该 DTD 包含所有 HTML 元素和属性,但不包括展示性和弃用的元素。定义严格版本 DTD 的代码如下:

```
<!DOCTYPE HTML PUBLIC "-//W3C//DTD HTML 4.01//EN" "http://www.w3.org/TR/html4/strict.dtd">
```

**2. HTML 4 过渡版本(Transitional)DTD**

该 DTD 包含所有 HTML 元素和属性,包括展示性和弃用的元素。定义过渡版本 DTD 的代码如下:

```
<!DOCTYPE HTML PUBLIC "-//W3C//DTD HTML 4.01 Transitional//EN" "http://www.w3.org/TR/html4/loose.dtd">
```

**3. HTML 4 基于框架(Frameset)DTD**

该 DTD 等同于 HTML 4.01 Transitional 过渡版本,但允许框架集内容。定义基于框架 DTD 的代码如下:

```
<!DOCTYPE HTML PUBLIC "-//W3C//DTD HTML 4.01 Frameset//EN" "http://www.w3.org/TR/html4/frameset.dtd">
```

> **说明:** DTD(document type definition)是一套为了进行程序间的数据交换而建立的关于标记符的语法规则。它是标准通用标记语言和可扩展标记语言 1.0 版规格的一部分,文档可根据某种 DTD 语法规则验证格式是否符合此规则。文档类型定义也可用作保证标准通用标记语言、可扩展标记语言文档格式的合法性,可通过比较文档和文档类型定义文件来检查文档是否符合规范、元素和标记使用是否正确。

### 1.2.5 HTML 标记语法

HTML 标记是由尖括号包围的关键词,如<html>。HTML 标记大多数成对出现,如<h1>和</h1>。标记对中的<h1>是开始标记,</h1>是结束标记。开始和结束标记也被称为开放标记和闭合标记。"HTM 标记""HTM 标签"和"HTML 元素"通常都是描述同样的意思。

```
<开始标记> 具体内容 </结束标记>
```

多数 HTML 标记中的内容在开始标记与结束标记之间。某些 HTML 标记具有空内容，如<br />。空元素在开始标记中进行关闭（以开始标记的结束而结束）。在开始标记中添加斜杠，如<br />，是关闭空元素的正确方法。HTML、XHTML 和 XML 都接受这种方式。<br>在所有浏览器中都是有效的，但使用<br />其实是更长远的保障。

<标记 />

提示：（1）不要忘记结束标记，即使您忘记了使用结束标记，大多数浏览器也会正确地显示 HTML，因为关闭标记是可选的，但不要依赖这种做法，忘记使用结束标记会产生不可预料的结果或错误。（2）HTML 标记对大小写不敏感：<P>等同于<p>。之前许多网站都使用大写的 HTML 标记。W3C 在 HTML 4 中推荐使用小写，而在未来 XHTML 版本中将强制使用小写。

## 1.3　HTML 常用软件

在网页的开发过程中，常常需要用工具软件来辅助快速开发网页。同时在开发网页的过程中，经常会使用 Web 浏览器（如谷歌、火狐、IE 等）来查看当前所开发网页的显示效果。

### 1.3.1　网页开发软件介绍

#### 1. Notepad++文档编辑软件

Notepad++是 Windows 操作系统下的一套文本编辑器，有完整的中文化接口及支持多国语言编写的功能。Notepad++功能比 Windows 中的 Notepad（记事本）强大，除了可以用来制作一般的纯文字说明文件外，也十分适合编写计算机程序代码。

#### 2. Sublime Text 代码编辑软件

Sublime Text 是一个代码编辑器，具有漂亮的用户界面和强大的功能，如代码缩略图、Python 的插件、代码段等，还可自定义键绑定菜单和工具栏。Sublime Text 的主要功能包括拼写检查、书签、完整的 Python API、Goto 功能、即时项目切换、多选择、多窗口等。Sublime Text 是一个跨平台的编辑器，同时支持 Windows、Linux、Mac OS X 等操作系统。本教程将使用 Sublime Text 3。

#### 3. WebStorm 代码编辑软件

WebStorm 是 JetBrains 公司旗下一款 JavaScript 开发工具，目前已经被广大中国 JS 开发者誉为"Web 前端开发神器""最强大的 HTML 5 编辑器""最智能的 JavaScript IDE"等。WebStorm 与 IntelliJ IDEA 同源，继承了 IntelliJ IDEA 强大的 JS 部分的功能。

#### 4. Dreamweaver 可视化网页开发软件

Adobe Dreamweaver，简称"DW"，中文名称"梦想编织者"，是美国 Macromedia 公司开发的集网页制作和网站管理于一身的所见即所得网页编辑器，DW 是第一套针对专业网页设计师特别发展的视觉化网页开发工具，利用它可以轻而易举地制作出跨越平台和浏览器限制的充满动感的网页。

### 1.3.2 Sublime Text 安装流程

(1) 鼠标双击 Sublime Text Build 3114 x64 Setup.exe 应用程序。如图 1-3 所示：

图 1-3

(2) 点击【Next】按钮，进入下一步应用程序安装路径设置操作。如图 1-4 所示：

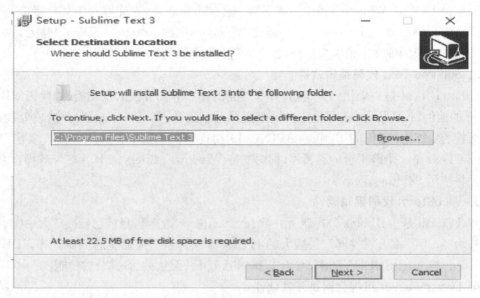

图 1-4

(3) 点击【Next】按钮，进入下一步询问是否"添加到右键菜单"操作。如图 1-5 所示：

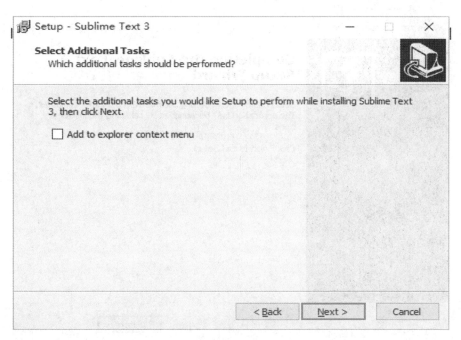

图 1-5

（4）点击【Next】按钮，进入下一步安装设置提示。如图 1-6 所示：

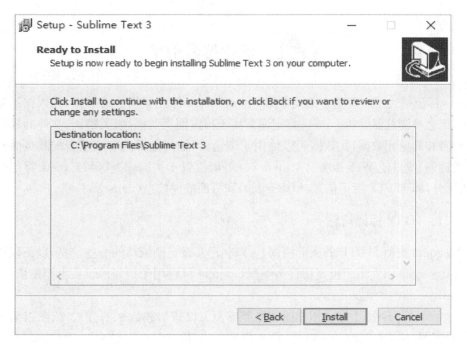

图 1-6

（5）点击【Install】按钮，进行安装应用程序。如图 1-7 所示：

图 1-7

优化搜索引擎

meta 标记描述了一些基本的元数据。<meta /> 标记提供了元数据，元数据不显示在页面上，但会被浏览器解析。meta 标记通常用于指定网页的描述、关键词、文件的最后修改时间、作者和其他元数据；元数据可以使用于浏览器（如何显示内容或重新加载页面）、搜索引擎（关键词）或其他 Web 服务。<meta /> 一般放置于 <head> 区域。meta 标记可以分成两大部分，即 HTTP 标记信息（http-equiv）和页面描述信息（name）。

### 1.4.1 HTTP 标记信息

http-equiv 类似 HTTP 的头部协议，可以利用其设定浏览器的一些信息，以正确地显示页面。http-equiv 属性用于指定协议头类型，content 属性用于指定协议头类型的值。其中，常用的 http-equiv 类型如下：

• content-type：用于定义用户的浏览器或相关设备加载数据的方式，或者以某种应用程序打开资源，例如：<meta http-equiv="Content-Type" content="text/html; charset=utf-8" />，其中，content 用于指定打开资源类型，网页的编码方式为 utf-8。

• content-language：用于指定页面的编码方式，此值也可以包含在 content-type 协议头中。

- refresh：用于指定页面的刷新或者跳转间隔时间和跳转的资源地址。例如：<metahttp-equiv="refresh" content="10; url=http://www.zhdtedu.com" />，用于指定当前页面 10 秒后跳转到 http://www.zhdtedu.com 智绘点途官方网站。url 除了绝对路径也可以定义相对路径。如果 url 没有指定，则 10 秒后刷新当前页面。

- expires：用于指定网页缓存的过期时间。缓存一旦过期，当客户端请求网页时，必须重新从服务器上下载网页。例如：<meta http-equiv="Expires" content="Tuesday, 18 April 2017 13:55:55 GMT" />。

- pragma 与 no-cache：当 http-equiv 取值为 pragma 时，content 的值为 no-cache，表示禁止浏览器从本地计算机的缓存中访问页面内容，这样将无法实现脱机访问。

- set-cookie：用于设置 cookie，浏览器访问某个网站的页面时会将 cookie 保存在缓存中，在下次访问时可以从缓存中读取，以提高速度。例如：<meta http-equiv="set-cookie" content="cookievalue=xxx; expires=Tuesday, 18 April 2017 13:55:55 GMT" />。

### 1.4.2　页面描述信息

页面描述信息由 name 和 content 属性指定。name 属性用来指定要描述的页面信息的类型，content 属性用来描述页面信息的值。下面来分析图 1-8、图 1-9：

图 1-8

- keywords：告诉搜索引擎，把 content 属性中填入的内容作为网页的关键字添加到搜索引擎中，content 属性中的多个关键字可以使用逗号分隔。例如：<meta name="keywords" content="k1, k2, k3…" />。

- Description：告诉搜索引擎，使用 content 属性中的设置信息对网站进行文本描述。例如：<meta name="Description" content="网页描述信息内容" />。

图 1-9

- Author：标明网页的开发者。
- Robots：用于提示哪些页面需要索引，哪些页面不需要索引。

content 的参数有 all、index、noindex、follow、nofollow、none，默认值为 all。各参数值的含义详见表 1-1。

表 1-1

| 参数值 | 作用 |
| --- | --- |
| all | 文件将被检索，且页面上的链接可以被查询 |
| index | 文件将被检索 |
| noindex | 文件将不被检索，但页面上的链接可以被查询 |
| follow | 页面上的链接可以被查询 |
| nofollow | 文件将被检索，但页面上的链接不可以被查询 |
| none | 文件将不被检索，且页面上的链接不可以被查询 |

 HTML 基础标记

HTML 的基础标记主要包括标题标记、段落标记、水平线标记等，这些标记主要用于描述最基本 HTML 文档的内容。详见表 1-2。

表 1-2

| 标记 | 说明 | 注释和特殊符号 | 说明 |
| --- | --- | --- | --- |
| `<h1>~<h6>` | 标题标记 | ` ` | 定义一个空格符号 |
| `<p>` | 段落标记 | `&gt;` | 大于号(>) |
| `<br />` | 强制换行 | `&lt;` | 小于号(<) |
| `<em><i>` | 斜体标记 | `&quot;` | 引号(") |
| `<strong><b>` | 加粗标记 | `&copy;` | 版权号© |
| `<hr />` | 定义分隔线 | `<!--内容-->` | 定义注释,表示内容无法在页面中显示 |

### 1.5.1　标题标记

HTML 标题(heading)是通过`<h1>~<h6>`标记来定义的。`<h1>`定义最大的标题,`<h6>`定义最小的标题。示例 1-1 中的代码分别用到了`<h1>`、`<h2>`、`<h3>`这 3个标记定义了 3 级标题,在浏览器中显示的效果如图 1-10 所示。

**示例 1-1　Demo0101. html:**

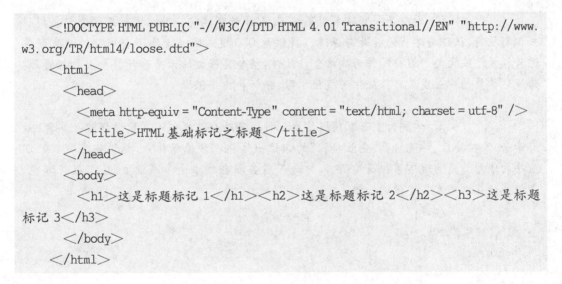

```
<!DOCTYPE HTML PUBLIC "-//W3C//DTD HTML 4.01 Transitional//EN" "http://www.
w3.org/TR/html4/loose.dtd">
<html>
  <head>
    <meta http-equiv = "Content-Type" content = "text/html; charset = utf-8" />
    <title>HTML 基础标记之标题</title>
  </head>
  <body>
    <h1>这是标题标记 1</h1><h2>这是标题标记 2</h2><h3>这是标题
标记 3</h3>
  </body>
</html>
```

执行结果:

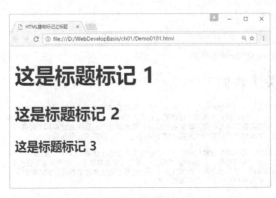

图 1-10

### 1.5.2 段落标记

不论是在普通文档,还是在网页文本中,合理地划分段落会使文本显示更加美观,要表达的内容也更加清晰。在 HTML 中段落是通过标记<p>来定义的。示例1-2中的代码使用2个<p>标记分别定义了2个段落,在浏览器中显示的效果如图1-11所示。

**示例1-2  Demo0102. html:**

```
<!DOCTYPE HTML PUBLIC "-//W3C//DTD HTML 4.01 Transitional//EN" "http://www.
w3.org/TR/html4/loose.dtd">
<html>
  <head>
    <meta http-equiv = "Content-Type" content = "text/html; charset = utf-8" />
    <title>HTML 基础标记之段落</title>
  </head>
  <body>
        <h1>关于我们</h1>
        <p>学院是一家技术型高端 IT 人才教育学院。著名国际厂商为学员提供
知识与技能、认证与学历的提升与保障。提供基 O2O 模式的线上线下全周期的教育服务
运营模式。某大型网络公司作为战略合作伙伴,整合其强大的云平台计算和大数据资源,
为规划学员的职业发展路径提供可视化学习、分析和指导保障.
        </p>
        <p>学院为上百家顶级信息化科技签约企业提供人才输送保障。实现"政
府牵头、院校协理、学院培养、企业接收"的四位一体化人才培养体系,提供务实可靠的职
业导向地图。是为城市累积高端 IT 人才进而服务社会技术进步而设立的 IT 教育学院,
在教育行业创新发展中独树一帜。
        </p>
  </body>
</html>
```

执行结果:

图1-11

### 1.5.3　强制换行标记

网页显示时,包含在<p></p>标记对中的内容会显示在一个段落里。如果想另起一行,可以使用强制换行标记<br />。示例 1 - 3 中的代码在段落标记<p>文本中使用<br/>强制换行标记。在浏览器中显示的效果如图 1 - 12 所示。

**示例 1 - 3　Demo0103. html:**

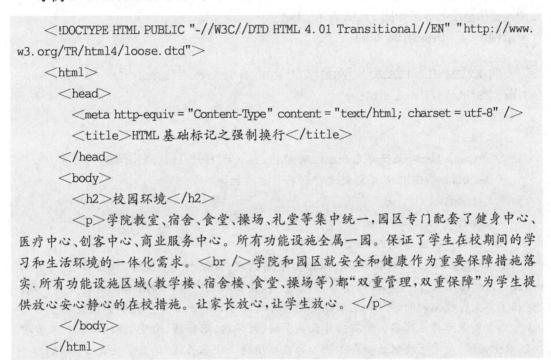

```
<!DOCTYPE HTML PUBLIC "-//W3C//DTD HTML 4.01 Transitional//EN" "http://www.w3.org/TR/html4/loose.dtd">
<html>
  <head>
    <meta http-equiv = "Content-Type" content = "text/html; charset = utf-8" />
    <title>HTML 基础标记之强制换行</title>
  </head>
  <body>
    <h2>校园环境</h2>
    <p>学院教室、宿舍、食堂、操场、礼堂等集中统一,园区专门配套了健身中心、医疗中心、创客中心、商业服务中心。所有功能设施全属一园。保证了学生在校期间的学习和生活环境的一体化需求。<br />学院和园区就安全和健康作为重要保障措施落实.所有功能设施区域(教学楼、宿舍楼、食堂、操场等)都"双重管理,双重保障"为学生提供放心安心静心的在校措施。让家长放心,让学生放心。</p>
  </body>
</html>
```

执行结果:

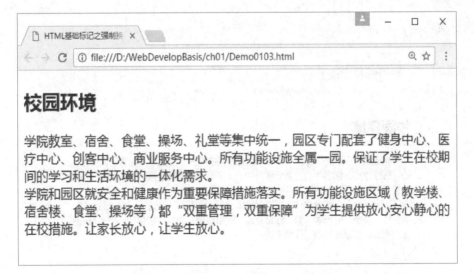

图 1 - 12

### 1.5.4 空格符号

仔细观察图 1-12,感觉分段有点别扭,因为按照中文写作的习惯,段落的首行须空 2 个中文字符。在 HTML 代码中直接用键盘敲击空格键,是无法显示在页面上的。HTML 使用" "表示 1 个空格字符(英文的空格字符)。由于 1 个中文字符占 2 个英文字符的宽度(根据编码方式而定),因此示例 1-4 中的代码段落的首行开头有 4 个" "字符。在浏览器中显示的效果如图 1-13 所示。

**示例 1-4    Demo0104.html:**

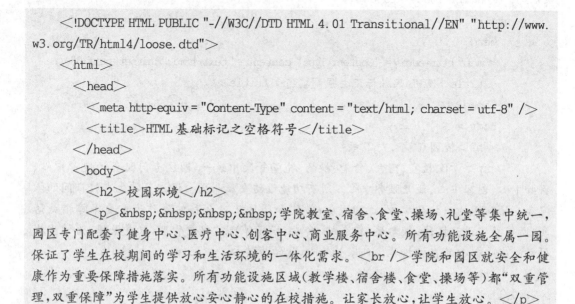

```
<!DOCTYPE HTML PUBLIC "-//W3C//DTD HTML 4.01 Transitional//EN" "http://www.
w3.org/TR/html4/loose.dtd">
<html>
  <head>
    <meta http-equiv = "Content-Type" content = "text/html; charset = utf-8" />
    <title>HTML 基础标记之空格符号</title>
  </head>
<body>
    <h2>校园环境</h2>
    <p>    学院教室、宿舍、食堂、操场、礼堂等集中统一,
园区专门配套了健身中心、医疗中心、创客中心、商业服务中心。所有功能设施全属一园。
保证了学生在校期间的学习和生活环境的一体化需求。<br />学院和园区就安全和健
康作为重要保障措施落实。所有功能设施区域(教学楼、宿舍楼、食堂、操场等)都"双重管
理,双重保障"为学生提供放心安心静心的在校措施。让家长放心,让学生放心。</p>
  </body>
</html>
```

执行结果:

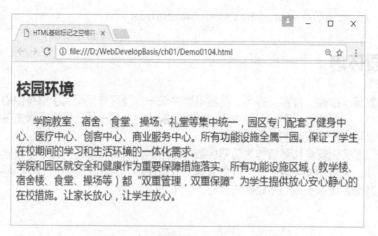

图 1-13

### 1.5.5  水平分隔线标记

HTML 提供了修饰段落的水平分隔线,在很多场合可以轻松使用,不需要另外作图。水平分隔线的标记是单标记<hr />。默认情况下占一行。示例 1-5 中的代码在 2 个段落之间添加水平分隔线<hr />。在浏览器中显示的效果如图 1-14 所示。

**示例 1-5  Demo0105. html:**

```
<!DOCTYPE HTML PUBLIC "-//W3C//DTD HTML 4.01 Transitional//EN" "http://www.
w3.org/TR/html4/loose.dtd">
<html>
  <head>
    <meta http-equiv = "Content-Type"content = "text/html; charset = utf-8" />
    <title> HTML 基础标记之水平分隔线标记</title>
  </head>
  <body>
<h1>关于我们</h1>
<p>
学院是一家技术型高端 IT 人才教育学院。著名国际厂商为学员提供知识与技能、认证与学历的提升与保障。提供基 O2O 模式的线上线下全周期的教育服务运营模式。某大型网络公司作为战略合作伙伴,整合其强大的云平台计算和大数据资源,为规划学员的职业发展路径提供可视化学习、分析和指导保障。
</p>
<p>
学院为上百家顶级信息化科技签约企业提供人才输送保障。实现"政府牵头、院校协理、学院培养、企业接收"的四位一体化人才培养体系,提供务实可靠的职业导向地图。是为城市累积高端 IT 人才进而服务社会技术进步而设立的 IT 教育学院,在教育行业创新发展中独树一帜。
</p>
<hr />
<h2>校园环境</h2>
<p>
学院教室、宿舍、食堂、操场、礼堂等集中统一,园区专门配套了健身中心、医疗中心、创客中心、商业服务中心。所有功能设施全属一园。保证了学生在校期间的学习和生活环境的一体化需求。
</p>
<p>
学院和园区就安全和健康作为重要保障措施落实。所有功能设施区域(教学楼、宿舍楼、食堂、操场等)都"双重管理,双重保障"为学生提供放心安心静心的在校措施。让家长放心,让学生放心。
```

```
      </p>
    </body>
  </html>
```

执行结果：

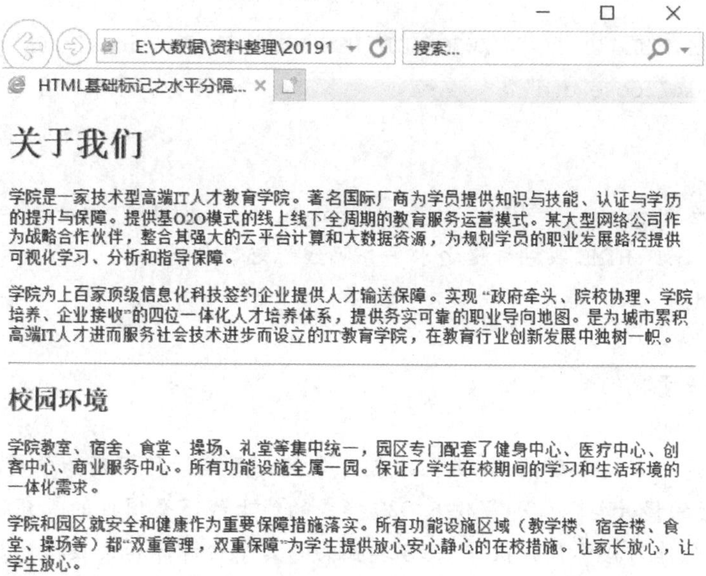

关于我们

学院是一家技术型高端IT人才教育学院。著名国际厂商为学员提供知识与技能、认证与学历的提升与保障。提供基O2O模式的线上线下全周期的教育服务运营模式。某大型网络公司作为战略合作伙伴，整合其强大的云平台计算和大数据资源，为规划学员的职业发展路径提供可视化学习、分析和指导保障。

学院为上百家顶级信息化科技签约企业提供人才输送保障。实现"政府牵头、院校协理、学院培养、企业接收"的四位一体化人才培养体系，提供务实可靠的职业导向地图。是为城市累积高端IT人才进而服务社会技术进步而设立的IT教育学院，在教育行业创新发展中独树一帜。

校园环境

学院教室、宿舍、食堂、操场、礼堂等集中统一，园区专门配套了健身中心、医疗中心、创客中心、商业服务中心。所有功能设施全属一园。保证了学生在校期间的学习和生活环境的一体化需求。

学院和园区就安全和健康作为重要保障措施落实。所有功能设施区域（教学楼、宿舍楼、食堂、操场等）都"双重管理，双重保障"为学生提供放心安心静心的在校措施。让家长放心，让学生放心。

图 1-14

### 1.5.6 文本斜体标记

<i>标记可以使被作用文本倾斜，达到特殊的效果，如文章的日期。<em>标记被称为强调标记，也使文本倾斜。在浏览器中显示的效果如图 1-15 所示，其编写方式如下：

```
<i>i 标记让文本倾斜</i>
<em>em 标记也能够让文本倾斜，只是意义不同而已。</em>
```

**示例 1-6   Demo0106. html**

```
<!DOCTYPE HTML PUBLIC "-//W3C//DTD HTML 4.01 Transitional//EN" "http://www.
w3.org/TR/html4/loose.dtd">
<html>
  <head>
    <meta http-equiv = "Content-Type" content = "text/html; charset = utf-8" />
    <title>文本斜体标记</title>
  </head>
  <body>
```

```
    <h2>校园环境</h2>
    <p>学院教室、宿舍、食堂、操场、礼堂等集中统一,园区专门配套了<i>
<font color="#6633CC">健身中心、医疗中心、创客中心、商业服务中心</font>
</i>。所有功能设施全属一园。保证了学生在校期间的学习和生活环境的一体化需
求。学院和园区就安全和健康作为重要保障措施落实。所有功能设施区域(教学楼、宿舍
楼、食堂、操场等)都<em><font color="#FF6600">"双重管理,双重保障"</font></
em>为学生提供放心安心静心的在校措施。让家长放心,让学生放心。</p>
    </body>
    </html>
```

执行结果:

图 1 - 15

### 1.5.7  文本加粗标记

<b>标记可以使被作用文本加粗,使文字更加醒目,如文章的作者名称。<strong>
标记被称为特别强调标记,也使文本加粗。在浏览器中显示的效果如图 1 - 16 所示,其编写
方式如下:

```
    <b>b 标记能够加粗文本。</b>
    <strong>strong 标记也能够加粗文本,只是意义不同而已。</strong>
```

**示例 1 - 7  Demo0107. html**

```
    <!DOCTYPE HTML PUBLIC "-//W3C//DTD HTML 4.01 Transitional//EN" "http://www.
w3.org/TR/html4/loose.dtd">
    <html>
```

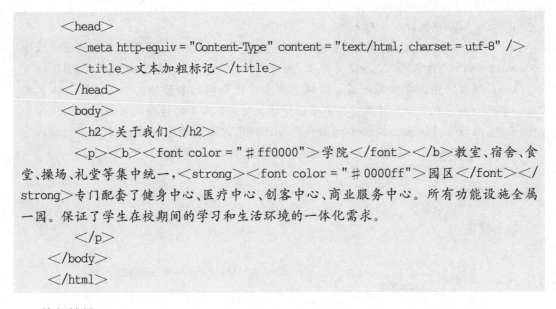

```
    <head>
        <meta http-equiv = "Content-Type" content = "text/html; charset = utf-8" />
        <title>文本加粗标记</title>
    </head>
    <body>
        <h2>关于我们</h2>
        <p><b><font color = "#ff0000">学院</font></b>教室、宿舍、食
堂、操场、礼堂等集中统一,<strong><font color = "#0000ff">园区</font></
strong>专门配套了健身中心、医疗中心、创客中心、商业服务中心。所有功能设施全属
一园。保证了学生在校期间的学习和生活环境的一体化需求。
        </p>
    </body>
    </html>
```

执行结果:

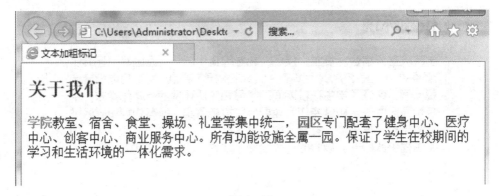

图 1-16

### 1.5.8　代码文本注释标记

　　HTML 代码由浏览器进行解析,进而呈现出丰富多彩的页面。有些代码或者文本既不需要浏览器解析,也不需要呈现在网页上。这种情况通常为代码或文本注释,有助于对某段代码进行解释说明,以便于后期维护。示例 1-8 中的代码使用 HTML 的<!--和-->注释相关不需要显示的文本。在浏览器中显示的效果如图 1-17 所示。
　　**示例 1-8　Demo0108. html**

```
    <!DOCTYPE HTML PUBLIC "-//W3C//DTD HTML 4.01 Transitional//EN" "http://www.
w3.org/TR/html4/loose.dtd">
    <html>
        <head>
```

```
    <meta http-equiv = "Content-Type" content = "text/html; charset = utf-8" />
    <title> HTML 基础标记之注释标记</title>
  </head>
  <body>
    <h1>关于我们</h1>
    <!—下面的段落是介绍学院基本情况-->
    <p>
学院是一家技术型高端 IT 人才教育学院。平台联合著名国际厂商为学员提供
知识与技能、认证与学历的提升与保障。提供基 O2O 模式的线上线下全周期的教育服务
运营模式。某大型网络公司作为战略合作伙伴,整合其强大的云平台计算和大数据资源,
为规划学员的职业发展路径提供可视化学习、分析和指导保障。
    </p>
  </body>
</html>
```

执行结果:

图 1-17

 **HTML 标记属性设置**

HTML 标记可以设置属性,属性表示在元素中添加附加信息,一般描述于开始标记。属性总是以名称/值对的形式出现,如:size = "10"。当出现多属性设置时,使用空格分隔。属性值应该始终被包括在引号内,双引号是最常用的,不过使用单引号也没有问题。在浏览器中显示的效果如图 1-18 所示,标记属性的语法格式如下:

```
<标记名 属性1="属性1的值" 属性2="属性2的值" …>
    具体内容
</标记名>
```

**示例 1-9 Demo0109.html**

```
<!DOCTYPE HTML PUBLIC "//W3C//DTD HTML 4.01 Transitional//EN" "http://www.
w3.org/TR/html4/loose.dtd">
<html>
  <head>
    <meta http-equiv="Content-Type" content="text/html; charset=utf-8" />
    <title>HTML 基础标记之水平分隔线标记</title>
  </head>
  <body>
    <h1>关于我们</h1>
    <p>
    学院是一家技术型高端 IT 人才教育学院。平台联合著名国际厂商为学员提供
知识与技能、认证与学历的提升与保障。提供基 O2O 模式的线上线下全周期的教育服务
运营模式。某大型网络公司作为战略合作伙伴,整合其强大的云平台计算和大数据资源,
为规划学员的职业发展路径提供可视化学习、分析和指导保障。</p>
    <p>学院为上百家顶级信息化科技签约企业提供人才输送保障。实现"政府牵
头、院校协理、学院培养、企业接收"的四位一体化人才培养体系,提供务实可靠的职业导
向地图。是为城市累积高端 IT 人才进而服务社会技术进步而设立的 IT 教育学院,在教
育行业创新发展中独树一帜。</p>
    <hr size="10" color="blue" />
    <h2>校园环境</h2>
    <p>学院教室、宿舍、食堂、操场、礼堂等集中统一,园区专门配套了健身中心、
医疗中心、创客中心、商业服务中心。所有功能设施全属一园。保证了学生在校期间的学
习和生活环境的一体化需求。
    </p>
    <p>
    学院和园区就安全和健康作为重要保障措施落实。所有功能设施区域(教学楼、
宿舍楼、食堂、操场等)都"双重管理,双重保障"为学生提供放心安心静心的在校措施。让
家长放心,让学生放心。
    </p>
  </body>
</html>
```

执行结果:

图 1 - 18

> **提示：** 在个别情况下，比如属性值本身就含有双引号，那么就必须使用单引号，例如：title='This is "ZhiHuiDianTu" School'.

 标 记 规 范

书写 HTML 页面时，请遵循标记规范。

- 标记名应小写
- HTML 标记应闭合
- 标记应正确嵌套
- 应添加文档类型声明<!doctype>

 行内元素和块元素

通过前面的介绍，我们已经认识了 HTML 的基本标记，除了知道标题标记是粗体、依次较小，<strong>标记加粗，<em>标记斜体等，大家是否发现了某些基本标记的特性呢？

观察示例 1-10 我们发现 p 元素、h1 元素等不管自身内容多少，都独占一行，这样的元素称为块元素；而 strong 元素、em 元素等，宽度由自己的内容决定，其他元素可以依次排在它后面，这样的元素称为行内元素。

**示例 1-10　Demo0110. html**

```
<!DOCTYPE HTML PUBLIC "-//W3C//DTD HTML 4.01 Transitional//EN" "http://www.w3.org/TR/html4/loose.dtd">
<html>
  <head>
    <meta http-equiv = "Content-Type" content = "text/html; charset = utf-8" />
    <title>行内元素和块元素</title>
  </head>
  <body>
  <h1>我是 h1 元素</h1>
  <p>我是 p 元素</p>
  <strong>我是 strong 元素</strong><em>我是 em 元素</em>
  </body>
</html>
```

执行结果如图 1-19 所示：

图 1-19

小结：CSS 中的元素分为块元素和内联元素。

- 块元素特征：无论内容多少，该元素独占一行。
- 行内元素特征：内容撑开宽度，左右都是行内元素的可以排在一行。

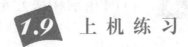 **1.9 上 机 练 习**

上机练习 1：制作《闻官军收河南河北》。

- 训练要点
  - 标记的嵌套使用
  - 网页中基本标记的使用
- 需求说明
  - 标题用<h2>标记，文字用<p>标记，标题与正文之间的分隔线使用<hr/>标记，词结束后使用<br/>标记换行，如图1-20所示。

图1-20

上机练习2：制作杜甫简介。

- 需求说明
  - 标题用标题标记，人名加粗显示，时间斜体显示，并制作页面版权部分，如图1-21所示。

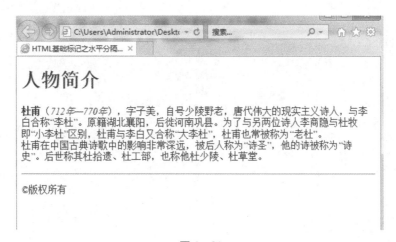

图1-21

# 小  结

➢ 介绍了HTML网页的由来及其发展历程。

➢ HTML 网页基本组成结构,HTML 是用来描述网页的一种语言。HTML 指的是超文本标记语言。它并不是计算机编程语言,而是一种由标记语言组成的描述性文本。

➢ 介绍了 HTML 网页常用开发软件。

➢ ＜meta /＞一般放置于＜head＞区域,该标记可以分成两大部分,即 HTTP 标记信息(http-equiv)和页面描述信息(name)。

➢ HTML 标记可以设置属性,属性表示在元素中添加附加信息。

➢ HTML 基础标记包括了标题标记、段落标记、强制换行标记、注释标记、斜体标记、加粗标记等,标记元素分为行内元素和块级元素。

➢ 介绍了 W3C 标准,在开发网页中要注意标记规范。

# 图片、超链接与列表 ////////////////////////////////////

项目 重点

◆ 会使用图像标记实现图文并茂的页面
◆ 会使用链接标记创建超链接、锚链接
◆ 会使用有序列表、无序列表、描述列表实现数据展示

通过上一个项目的学习,我们熟悉了 HTML 网页中段落和文本的控制,不过没有图片的参与,网页难免单调乏味。同时超链接是一个网站的灵魂,Web 上的网页是相互链接的。本章将学习文件链接的绝对和相对路径、在 HTML 网页中显示图片、认识网络中各种类型的图片、超链接定义、使用超链接实现网页之间跳转、书签链接、图片热点区域的超链接。在网页设计中列表形式占较大的比例,列表显示信息非常直观有序,便于用户理解。在后面的 CSS 样式学习过程中我们将大量使用列表高级运用方式。

 ## 文件链接的绝对和相对路径

每一个文件都有自己的存放位置和路径,理解一个文件到要链接的那个文件之间的路径关系是创建链接的根本。

URL(统一资源定位符)指的就是每一个网站都具有的地址。同一个网站下的每一个网页都属于同一个地址(站点根目录)之下,在创建一个网站的网页时,不需要为每一个链接都输入完全的地址,我们只需要确定当前文档同站点根目录之间的相对路径关系就可以了。

链接路径一般分为两种:绝对路径和相对路径。

### 2.1.1 绝对路径

绝对路径包含了标识 Internet 上的文件所需要的所有信息,文件的链接是相对原文档而定的。包括完整的协议名称、主机名称、文件夹名称和文件名称。

其格式为:通讯协议://服务器地址:通讯端口/文件位置/文件名
示例:http://www.zhdtedu.com/aspx/ch/index.aspx

HTTP(hyper text transfer protocol,超文本传输协议)是 Internet 遵循的一个重要协议,是用于传输 Web 页的客户端/服务器协议。当浏览器发出 Web 页请求时,此协议将建立一个与服务器的链接。当链接畅通后,服务器将找到所请求的页,并将它发送给客户端。信息发送到客户端后,HTTP 将释放此链接。这使得此协议可以接受并服务大量的客户端请求。

Web 应用程序是指 Web 服务器上包含的许多静态的和动态的资源集合。Web 服务器承担着为浏览器提供服务的责任。

在上面的实例中,www.zhdtedu.com 就是资源所在的主机名,通常情况下使用默认的端口号 80。资源在 www 服务器主机 aspx 文件夹内的 ch 文件夹下,资源的名称为: index.aspx。

### 2.1.2 相对路径

相对路径是以当前文件所在路径为起点,进行相对文件的查找。一个相对的 URL 不包含协议和主机地址信息,表示它的路径与当前文档的访问协议和主机名相同,甚至有相同的目录路径。通常只包含文件夹名和文件名,甚至只有文件名。可以用相对 URL 指向与源文档位于同一服务器或同文件夹中的文件。此时,浏览器链接的目标文档处在同一服务器或同一文件夹下。

我们经常可以看到".“和”..",它们是相对路径中当前目录和上一级目录的意思,其中"."可以省略。

- 如果链接到同一目录下,则只需输入要链接文件的名称。
- 要链接到下级目录中的文件,只需先输入目录名,然后加"/",再输入文件名。
- 要链接到上一级目录中文件,则先输入"../",再输入文件名。

##  网页中的图片格式

图片是网页中不可缺少的元素,巧妙地在网页中使用图片可以为网页增色不少。在网页中使用图片,从视觉效果而言,能使网页充满生机,并且直观巧妙地表达出网页的主题,这不是靠文字就可以做到的。图片在电脑中以文件形式存在,图片的格式很多,不同格式的文件大小也有所不同。在网页中对图片不同格式的理解非常重要。在网页制作中,制作者最关心的是如何在保存图片质量的同时,尽量压缩图片的文件大小。

### 2.2.1 常用的图片格式

图片文件的格式是计算机存储这幅图的方式与压缩方法,要针对不同的使用目的来选择合适的格式。不同程序也有各自的图片格式,如"PSD"是 PhotoShop 软件的源文件格式,内部格式带有软件的特定信息,如图层与通道等。不过很多程序无法打开"PSD"格式,它不属于通用格式,网页制作中更不会使用它。

不同的图片格式各自以不同的方式来表示图形信息,常用的格式如下:

(1) JPG(JPEG)。JPG 是在 Internet 上被广泛支持的图像格式,它是联合图像专家组

(joint photographic experts group)格式的英文缩写。不过,这种压缩是有损耗的,即压缩比越大,文件越小,图片质量越差。正因为 JPG 图片可以选择多种压缩级别,非常灵活,所以使用非常广泛。例如,大多数数码相机默认的图片存储格式就是 JPG。在肉眼无法明显分辨质量损耗的前提下,JPG 文件大小可以远远小于 BMP,所以 JPG 也广泛应用于网页制作领域。

(2) GIF。GIF 图片以 8~256 色存储图片数据。GIF 图片支持透明度、压缩、交错和多图像图片(动画 GIF)。GIF 透明度不是 alpha 通道透明度,所以不能支持半透明效果。GIF文件规范的 GIF89a 版本中支持动画 GIF。也就是说,GIF 的特点是颜色数量少,很多情况下图片文件大小可以远远小于 JPEG,而且支持透明度。最有意思的是,GIF 支持动画图片,所以 GIF 格式非常适合网上传输。

(3) BMP。这是微软公司自身图形文件的点位图格式,例如,用 Windows 自带的画图程序绘画,默认生成的就是 BMP 格式的图片。以 BMP 格式保存的图像没有失真,由于它保存每个像素信息,不支持文件压缩,所以文件也比较大。网页制作中很少使用 BMP 格式的图片。

(4) PNG。PNG 图片格式可以是任何颜色深度的存储图片,它也是与平台无关的格式。PNG 也支持透明度以及压缩。PNG 格式分为 PNG－8 和 PNG－24, PNG－8 格式类似 GIF 格式,支持 8~256 色。PNG－24 格式质量更好,这是因为 PNG－24 压缩不失真并且支持透明背景和渐显图像的制作。

### 2.2.2　选择合适的图片格式

那么在建设网站时,图片的不同格式如何选择呢? 上一节说过 BMP 是没有压缩的图片格式,文件非常大,所以不予选择。也就是说制作网页时,图片格式一般在 JPEG、GIF 和PNG 中选择,先比较一下 JPEG、GIF 和 PNG 各自的特点。

JPEG 是有损压缩,以 24 位颜色存储,颜色比 GIF 更为丰富。一般适用于对颜色丰富程度要求高的图片,如照片。

GIF 最多只能存储 256 种颜色,在颜色数量少的图片中能保存更小的文件大小,并且支持透明度及动画。一般适用于颜色少的图片,如小图标和网页动画广告。

PNG 是无损压缩,有 8 位和 24 位颜色存储方式,而且支持透明背景和渐显图像。一般适用于企业标识、透明背景图和渐显图。

> **注意:** 24 位颜色不是 24 种颜色,而是 2 的 24 次方种颜色。

JPEG、GIF 和 PNG 格式没有绝对的谁好谁坏之分,要根据网页对图片的不同需要选择。

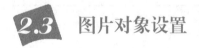

## 2.3　图片对象设置

上一节我们学习了不同格式的图片选择,已经确定了制作网页的主流图片格式为

JPEG、GIF 和 PNG。本节开始学习如何设置图片在网页上的显示。

> **注意:** JPEG 图片文件的扩展名为 jpg,GIF 图片文件的扩展名为 gif,PNG 图片文件的扩展名为 png。

### 2.3.1　将图片插入网页

插入图片的 HTML 是单标记<img />,通过 src 属性的值确定所插入图片的路径。其在浏览器中显示的效果如图 2-1 所示。

**示例 2-1　Demo0201. html**

```
<!DOCTYPE HTML PUBLIC "-//W3C//DTD HTML 4.01 Transitional//EN" "http://www.
w3.org/TR/html4/loose.dtd">
<html>
  <head>
    <meta http-equiv = "Content-Type" content = "text/html; charset = utf-8" />
    <title>插入图片</title>
  </head>
  <body>
    <p align = "center">
        插入了一张萌宠狗狗的图片<br/>
        <img src = "Images/Dog.jpg" />
    </p>
  </body>
</html>
```

执行结果:

图 2-1

### 2.3.2　图片高度和宽度的设置

在默认情况下,<img />标记显示的图片高和宽获取自图片原始的高和宽。例如,图片的原始尺寸为宽 200 像素、高 200 像素,在网页中显示也是宽 200 像素、高 200 像素。

不过在某些情况下需要不同的高和宽,通过<img />标记的 height 属性和 width 属性可以设置图片在网页中显示的高度和宽度。

height 和 width 属性的值不需要单位,默认单位为像素。编写方式如下:

```
<img  src = "图片路径"  width = "指定宽度"  height = "指定高度"  />
```

**注意:** 更改了<img />标记的 width 和 height 属性,并不会改变图片文件的原始尺寸。

### 2.3.3　图片边框的设置

<img />标记可以通过 border 属性设置图片在网页中显示的边框的粗细,border 属性的值为边框的粗细,单位默认为像素。其编写方式如下:

```
<img src = "图片路径"  border = "边框粗细数值"  />
```

### 2.3.4　图片添加文本提示信息

在<img />标记中设置全局属性 title 可以让当前图片在鼠标指针悬停时,显示文字提示效果。title 属性在所有 HTML 标记中都存在。其编写方式如下:

```
<img src = "图片路径"  title = "提示文字" />
```

接下来我们将上面所讲的相关属性进行综合性演示,其在浏览器中显示的效果如图 2-2 所示。

**示例 2-2　Demo0202. html**

```
<!DOCTYPE HTML PUBLIC "-//W3C//DTD HTML 4.01 Transitional//EN" "http://www.
w3.org/TR/html4/loose.dtd">
<html>
 <head>
  <meta http-equiv = "Content-Type" content = "text/html; charset = utf-8" />
  <title>插入图片</title>
 </head>
 <body>
  <p align = "center">
  插入图片(设置边框为 5 像素,加入文字提示效果)<br/>
```

```
        <img src = "Images/Dog. jpg" border = "5" title = "这是一张萌宠狗狗的照
片" /><br/>
        插入图片(设置边框为5像素,改变图片高宽)<br/>
        <img src = "Images/Dog. jpg" border = "5" width = "348" height = "243" />
        </p>
    </body>
  </html>
```

执行结果:

图 2-2

### 2.3.5 图片添加代替文字

当<img />标记的 src 属性的路径找不到相应的图片文件时,<img />标记提供了一
个 alt 属性的值来替代图片的文字,其在浏览器中显示的效果如图 2-3 所示。

**示例 2-3 Demo0203. html**

```
    <!DOCTYPE HTML PUBLIC "-//W3C//DTD HTML 4.01 Transitional//EN" "http://www.
w3. org/TR/html4/loose. dtd">
    <html>
    <head>
        <meta http-equiv = "Content-Type" content = "text/html; charset = utf-8" />
        <title>图片添加替换文字</title>
```

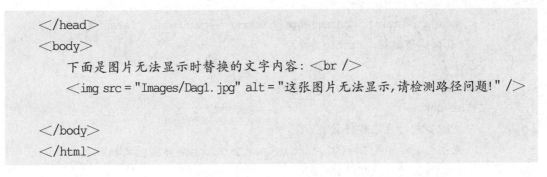

执行结果：

图 2-3

 **超链接对象设置**

超链接是网站中使用比较频繁的 HTML 元素,因为网站的各种页面都是由超链接串接而成的,超链接完成了页面之间的跳转。超链接是浏览者和服务器交互的主要手段。HTML 文件中最重要的应用之一就是超链接,超链接是一个网站的灵魂,Web 上的网页是相互链接的,单击被称为超链接的文本或图形就可以链接到其他的页面。超文本具有的链接能力,可层层链接相关文件,这种具有超链接能力的操作,即称为超级链接。超级链接除了可链接文本外,也可链接各种媒体,如声音、图像、动画,通过它们我们可享受丰富多彩的多媒体世界。

### 2.4.1 为文字添加超链接

超链接的标记是<a>,给文字添加超链接类似其他修饰标记。添加了链接后的文字有其特殊的样式,以便和其他文字区分开。默认超链接样式为蓝色,带下划线。超链接是跳转另一个页面的,<a>标记有一个 href 属性负责指定新页面的地址。href 指定的地址可以是相对或绝对地址,一般情况下使用相对地址较多,其在浏览器中显示的效果如图 2-4 所示。

**示例 2-4  Demo0204. html**

```
<!DOCTYPE HTML PUBLIC "-//W3C//DTD HTML 4.01 Transitional//EN" "http://www.
w3.org/TR/html4/loose.dtd">
<html>
  <head>
```

```
    <meta http-equiv = "Content-Type" content = "text/html; charset = utf-8" />
    <title>超链接</title>
  </head>
  <body>
  <center>
    <h2>相对地址超链接</h2>
    点击<a href = "Demo0204.html">这里</a>链接到图文排版页面
    <h2>绝对地址超链接</h2>
    点击<a href = "http://www.zhdtedu.com">这里</a>链接到重庆智绘点
途首页
    </center>
  </body>
  </html>
```

执行结果:

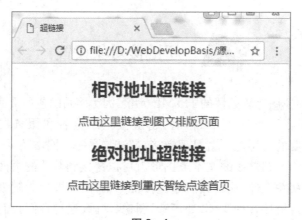

图 2 - 4

### 2.4.2 为图片添加超链接

除了文字可以作为超链接外,图片也可以作为超链接。给图片设置超链接,与文字链接类似。图片加上链接标记后,在 IE 浏览器中默认有 1 像素粗的蓝色边框(类似文字链接的蓝色下划线)。可通过图片标记的 border 属性将其边框粗细设置为 0,主要是为了解决浏览器兼容性问题。其在浏览器中显示的效果如图 2 - 5 所示。

**示例 2 - 5 Demo0205.html**

```
    <!DOCTYPE HTML PUBLIC "-//W3C//DTD HTML 4.01 Transitional//EN" "http://www.
w3.org/TR/html4/loose.dtd">
    <html>
```

```
    <head>
    <meta http-equiv = "Content-Type" content = "text/html; charset = utf-8" />
    <title>图片超链接</title>
    </head>
    <body>
    <h2>图片超链接</h2>
    <a href = "http://www.zhdtedu.com"><img src = "Images/Dog.jpg" border
= "0" /></a>
    </body>
    </html>
```

执行结果：

图 2-5

### 2.4.3　更改链接的窗口打开方式

在默认情况下,超链接打开新页面的方式是自我覆盖。根据网站类型的不同需要,我们可以指定超链接的其他打开新窗口的方式。超链接标记提供了 target 属性进行设置,取值分别为_self(自我覆盖,默认)、_blank(创建新窗口打开新页面)、_top(在浏览器的整个窗口打开,将会忽略所有的框架结构)、_parent(在上一级窗口打开)。

### 2.4.4　书签链接

现今很多网页内容比较多,导致页面很长,浏览者需要不断地拖动浏览器的滚动条才能找到需要的内容。超链接的"锚功能"可以解决这个问题。实际上,锚就是用于在单个页面内不同位置的跳转,它也可以称为书签。

超链接标记的 name 属性用于定义书签(锚)的名称,一个页面可以定义多个书签(锚),

通过超链接的 href 属性可以根据 name 跳转到对应的书签(锚)。要做出这个效果,需要两种<a>标记的属性配合,一个是 name 属性,另一个是 href 属性。其定义语法如下:

点击跳转链接:<a href = "#书签名称">甲位置</a>

创建跳转标记:<a name = "书签名称">乙位置</a>

**注意:** name 和 href 这两个属性中的"书签名称"必须一致。

下面是书签链接运用的示例代码,其在浏览器中显示的效果如图 2-6 所示。

**示例 2-6  Demo0206. html**

```
<!DOCTYPE HTML PUBLIC "-//W3C//DTD HTML 4.01 Transitional//EN" "http://www.
w3.org/TR/html4/loose.dtd">
<html>
  <head>
    <meta http-equiv = "Content-Type" content = "text/html; charset = utf-8" />
    <title>书签链接</title>
  </head>
  <body>
    <h1>古诗阅读</h1>
    <p>
      <h3>单击<a href = "#静夜思">静夜思</a></h3>
      <h3>单击<a href = "#从军行七首之四">从军行七首之四</a></h3>
      <h3>单击<a href = "#南园">南园</a></h3>
    </p>
    <hr/>
    <a name = "静夜思">
      <h3>静夜思</h3>
    </a>
    <pre>
床前明月光,
疑是地上霜。
举头望明月,
低头思故乡。
    </pre><br /><br /><br /><br /><br /><br /><br /><br />
<br />
    <a name = "从军行七首之四">
      <h3>从军行七首之四</h3>
```

```
        </a>
        <pre>
青海长云暗雪山,
孤城遥望玉门关。
黄沙百战穿金甲,
不见楼兰终不还。
        </pre><br /><br /><br /><br /><br /><br /><br /><br />
<br />
        <a name = "南园">
          <h3>南园</h3>
        </a>
        <pre>
男儿何不带吴钩,
收取关山五十州?
请君暂上凌烟阁,
若个书生万户侯?
        </pre>
      </body>
</html>
```

执行结果:

图 2-6

**图片热点区域的超链接**

除了对整个图片设置超链接以外,还可将图片划分为多个区域,而每个区域可设置不同的超链接,这些区域叫作"热点区域"。包含热点区域的图像可以成为映射图片。要进行热点区域设置,首先需要在图片标记中设置映射名称,定义方式如下:

```
<img  src = "图片文件路径"  usemap = "#映射名称" />
```

然后,就要定义各个热点区域位置及超链接了,定义语法如下:

```
<map  name = "映射名称">
    <area  shape = "形状 1"  coords = "坐标 1"  href = "链接地址 1" />
    <area  shape = "形状 2"  coords = "坐标 2"  href = "链接地址 2" />
    … …
</map>
```

这里学习两个新标记<map>和<area />。<map>标记用于包含多个<area />标记,其中的"映射名称"就是在<img />标记中 usemap 属性定义的名称。<area />标记则用于定义各个热点区域和超链接,它有两个重要属性:shape 和 coords。

shape 属性用于定义热点区域形状,它有 4 个值。

(1) default:默认值,为整幅图片。

(2) rect:矩形区域。

(3) circle:圆形区域。

(4) poly:多边形区域。

coords 属性用于定义矩形、圆形或多边形区域的坐标。

(1) 如果热点区域形状为矩形区域,则设置矩形左、上、右、下四边的坐标,单位是像素。

(2) 如果热点区域形状为圆形区域,则设置圆形的圆心坐标(通过左、上两点坐标进行设置)和半径,单位是像素。

(3) 如果热点区域形状为多边形区域,则分别设置各顶点的坐标,单位是像素。

**注意:**手写 HTML 代码定义热点区域链接比较麻烦,需要制作者有很强的空间思维能力。推荐使用 Dreamweaver 设计视图制作,用鼠标拖曳可直接绘制热点区域链接。

下面是热点区域运用的示例代码,其在浏览器中显示的效果如图 2-7 所示。

**示例 2-7  Demo0207. html**

```
<!DOCTYPE HTML PUBLIC "-//W3C//DTD HTML 4.01 Transitional//EN" "http://www.
w3.org/TR/html4/loose.dtd">
<html>
```

```
<head>
    <meta http-equiv = "Content-Type" content = "text/html; charset = utf-8" />
    <title>热点区域</title>
</head>
<body>
    <h2>热点区域的定义</h2>
    <img src = "eg_planets.jpg" usemap = "#myMap" />
    <map name = "myMap">
        <area shape = "circle" coords = "180,139,14" href = "venus.html"
target = "_blank" alt = "Venus"/>
        <area shape = "circle" coords = "129,161,10" href = "mercur.html"
target = "_blank" alt = "Mercury" />
        <area shape = "circle" coords = "129,161,10" href = "sun.html" target
= "_blank" alt = "Sun" />
    </map>
</body>
</html>
```

执行结果:

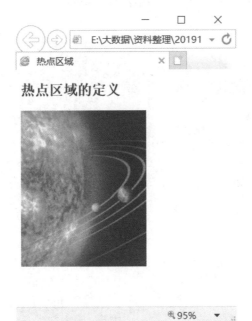

图 2-7

 有序与无序列表

列表就是在网页中将项目以有序或无序的罗列形式显示,列表项以项目符号开始,这样有利于将不同的内容分类呈现,并且体现重点。在 HTML 中可以设置序号样式、重置序号起始位置、设置整体列表项的符号样式等。在当今互联网中针对有序和无序列表的运用详见图 2-8 和图 2-9。

1. Lorem ipsum dolor sit amet
2. Consectetur adipiscing elit
3. Integer molestie lorem at massa
4. Facilisis in pretium nisl aliquet
5. Nulla volutpat aliquam velit
6. Faucibus porta lacus fringilla vel
7. Aenean sit amet erat nunc
8. Eget porttitor lorem

图 2-8

- Lorem ipsum dolor sit amet
- Consectetur adipiscing elit
- Integer molestie lorem at massa
- Facilisis in pretium nisl aliquet
- Nulla volutpat aliquam velit
- Faucibus porta lacus fringilla vel
- Aenean sit amet erat nunc
- Eget porttitor lorem

图 2-9

### 2.6.1 列表的组成结构

HTML 的列表是一个由列表标记封闭的结构,包含的列表项由<li>组成。具体结构如下所示:

```
列表开始
    <li>列表项 1 开始
            具体的列表项 1 内容
    </li>列表项 1 结束
    <li>列表项 2 开始
            具体的列表项 2 内容
    </li>列表项 2 结束
    …  …
列表结束
```

### 2.6.2 有序列表

<ol>标记定义有序列表,顾名思义就是每一项都和顺序有关的表现形式。在默认情况下,有序列表的列表项目前显示 1、2、3……序号,从数字 1 开始计数,可以使用 type 属性更改有序列表序号的样式,还可以定义 start 属性设置列表序号的起始值。其在浏览器中显示的效果如图 2-10 所示。

**示例 2-8    Demo0208. html**

```
<!DOCTYPE HTML PUBLIC "-//W3C//DTD HTML 4.01 Transitional//EN" "http://www.
w3.org/TR/html4/loose.dtd">
<html>
  <head>
    <meta http-equiv = "Content-Type" content = "text/html; charset = utf-8" />
    <title>有序列表</title>
  </head>
  <body>
    <h2>课程的任务安排</h2>
    <ol>
      <li>讲解 HTML 列表。</li>
      <li>演示列表案例。</li>
      <li>要求学员做好笔记。</li>
      <li>布置练习题。</li>
      <li>归纳学员练习时出现的问题。</li>
    </ol>
  </body>
</html>
```

执行结果:

图 2-10

### 2.6.3  无序列表

<ul>标记定义无序列表,顾名思义就是项目之间不存在次序关系的表现形式。在默认情况下,无序列表的列表项目前显示"实心圆点符号"为序号,可以使用 type 属性更改无序列表序号的样式。其在浏览器中显示的效果如图 2-11 所示。

**示例 2 - 9   Demo0209. html**

```
<!DOCTYPE HTML PUBLIC "-//W3C//DTD HTML 4.01 Transitional//EN" "http://www.
w3.org/TR/html4/loose.dtd">
<html>
  <head>
    <meta http-equiv = "Content-Type" content = "text/html; charset = utf-8" />
    <title>无序列表</title>
  </head>
  <body>
    <h2>Hello, world!</h2>
    <ul type = "square">
      <li>This is a template for a simple marketing or informational
website.</li>
      <li>This is a template for a simple marketing or informational
website.</li>
      <li>This is a template for a simple marketing or informational
website.</li>
      <li>This is a template for a simple marketing or informational
website.</li>
      <li>This is a template for a simple marketing or informational
website.</li>
    </ul>
  </body>
</html>
```

执行结果：

图 2 - 11

### 2.6.4 列表嵌套

HTML 标记是可以嵌套的,所以列表也是可以嵌套的。当列表中的某些列表项还是列表时,就可以使用列表嵌套。在网页中使用列表嵌套功能,可以重复地使用 ol 和 ul 标记。其在浏览器中显示的效果如图 2 - 12 所示。

**示例 2 - 10　Demo0210. html**

```
<!DOCTYPE HTML PUBLIC "-//W3C//DTD HTML 4.01 Transitional//EN" "http://www.
w3.org/TR/html4/loose.dtd">
<html>
  <head>
    <meta http-equiv = "Content-Type" content = "text/html; charset = utf-8" />
    <title>列表嵌套</title>
  </head>
  <body>
    <h1 align = "center">心理测验</h1>
    <ul type = "circle">
    <li>
      <h3>测试你的被骗指数有多高</h3>
      <p>假设有一天你不小心在森林里迷路,这个时候忽然有四种鸟类出现在你
面前,并各自停在不同的方向对你说:"出口在这边啊!"那么你会相信哪种鸟类的话呢?
</p>
        <ol type = "A">
          <li>雄鹰</li>
          <li>鹦鹉</li>
          <li>猫头鹰</li>
          <li>鸵鸟</li>
        </ol>
    </li>
    <li>
      <h3>测试你的职场升迁关键在哪里</h3>
      <p>某日,你有机会做一天透明人。因此,你可以四处穿梭,来去自由,却
无人能知道你在做什么。拥有这样"超能力",你可能会做如下哪件事?</p>
        <ol type = "A">
          <li>四处搞破坏,做一些让常人理解不了的坏事。</li>
          <li>搞恶作剧,开些无伤大雅的小玩笑。</li>
          <li>趁机接近你一直偷偷倾慕的人。</li>
          <li>顺手偷窃一些贵重物品。</li>
```

```
        </ol>
      </li>
    </ul>
  </body>
</html>
```

执行结果：

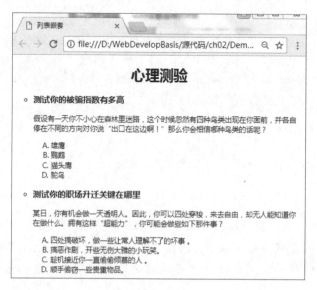

图 2 - 12

## 2.7 描 述 列 表

描述列表不是一个项目的序列，它是一系列项目及它们的解释。描述列表以<dl>标记定义，列表项目以<dt>定义，列表项目解释以<dd>定义。图 2 - 13 所示的是一种描述列表。

图 2 - 13

描述列表定义语法如下：

```
<dl>
    <dt>列表项目 1</dt>
    <dd>列表项目 1 的解释</dd>
    <dt>列表项目 2</dt>
    <dd>列表项目 2 的解释</dd>
    ……
</dl>
```

下面是描述列表的示例代码,其在浏览器中显示的效果如图 2-14 所示。

**示例 2-11　Demo0211. html**

```
<!DOCTYPE HTML PUBLIC "-//W3C//DTD HTML 4.01 Transitional//EN" "http://www.
w3.org/TR/html4/loose.dtd">
<html>
  <head>
    <meta http-equiv = "Content-Type" content = "text/html; charset = utf-8" />
    <title>描述列表</title>
  </head>
<body>
    <h2>古诗两首:</h2>
    <dl>
        <dt><font color = "red" size = " + 2"><b>静夜思</b></font>
</dt>
        <dd>床前明月光,疑是地上霜。举头望明月,低头思故乡。</dd>
        <dt><font color = "red" size = " + 2"><b>春晓</b></font>
</dt>
        <dd>春眠不觉晓,处处闻啼鸟。夜来风雨声,花落知多少。</dd>
    </dl>
  </body>
</html>
```

执行结果:

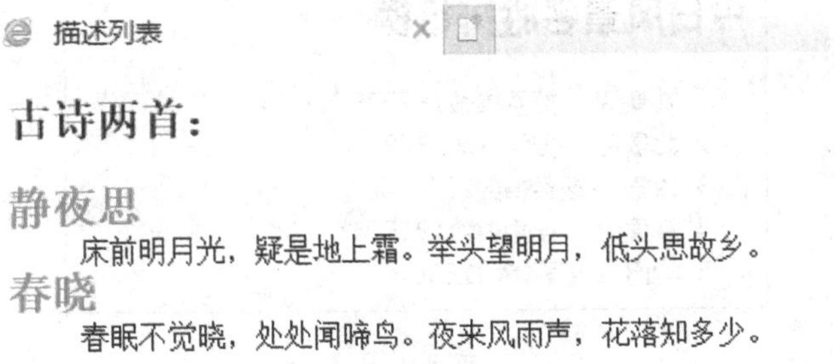

描述列表

## 古诗两首:

### 静夜思
床前明月光,疑是地上霜。举头望明月,低头思故乡。
### 春晓
春眠不觉晓,处处闻啼鸟。夜来风雨声,花落知多少。

图 2-14

## 2.8　上 机 练 习

▪ 上机练习 1：使用学过的图像标记、a 标记、标题标记、斜体标记、加粗标记、段落标记、水平线标记等制作茶卡盐湖页面，效果如图 2－15 所示。

**图 2－15**

▪ 上机练习 2：使用有序列表制作风景名胜排行榜，效果如图 2－16 所示。

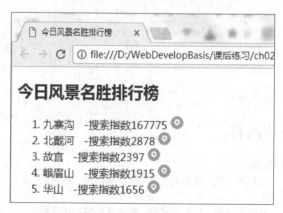

**图 2－16**

■ 上机练习 3：使用无序列表制作桂林山水旅游页面，效果如图 2-17 所示。

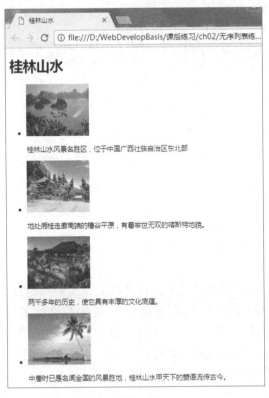

图 2-17

# 小　　结

➤ 文件链接路径一般分为两种：绝对路径和相对路径。
➤ 网页开发过程中常用图片格式分别有 JPEG、GIF 和 PNG。
➤ 网页中使用<img />标记可以插入图片，必填属性 src 设置图片路径。<img />标记的其他常用属性分别有 width、height、border、alt 等。
➤ title 属性是一个全局属性，HTML 所有标记都可设置，它表示鼠标指针悬停在指定区域时，显示文字提示效果。
➤ <a>是定义超链接的标记，可定义文本或图片超链接。必填属性 href 设置链接地址。
➤ 制作书签链接需要两种<a>标记的属性配合，一个是 name 属性，另一个是 href 属性。
➤ 图片热点区域的超链接是将图片划分为多个区域，而每个区域可设置不同的超链接。需要<img/ >、<map>和<area />配合使用。
➤ 列表分为有序列表、无序列表和描述列表。

# 表格与框架 //////////////////////////////////////////

 重点

- ◆ 会使用表格实现数据展示
- ◆ 会使用框架引入外部页面

通过上一个项目的学习,我们熟悉了文件链接的绝对和相对路径、在 HTML 网页中显示图片、认识网络中各种类型的图片、超链接定义、使用超链接实现网页之间跳转、书签链接、图片热点区域的超链接的制作。本项目将学习 HTML 中的表格和框架技术,使用表格组织数据,可以清晰地显示数据间的关系;框架则可以将多个网页组合成一个网页显示在浏览器中,让浏览器的各个页面相互独立,却又相互关联。

## *3.1* 创建强大的表格

如果我们在日常办公中需要组织一份二维数据的文档,可以在 Office Word 文档中绘制表格,如学生的点名表、实训机房安排表等。在网页中组织二维数据,也常用表格<table>标记来实现,并且看上去和 Office Word 表格非常相似。这也是表格标记实现的初衷。

在网页的不断发展过程中,早期 Web 1.0 时代的人们发现表格不但可以组织二维数据表示在网页上,用来网页布局也非常合适。于是,网页布局使用表格成了主流的方式。但是从 Web 2.0 时代开始,表格布局方式已经被 DIV 替代了。

### 3.1.1 表格组成结构

在 HTML 中标准的数据表格<table>标记的子元素组成结构包括标题、表头组、表内容组和表尾组,如下所示:

```
表格开始<table>
        标题<caption></caption>
        表头组<thead></thead>
        表内容组<tbody></tbody>
```

```
        表尾组<tfoot></tfoot>
表格结束</table>
```

（1）标题<caption>标记说明了当前表格主要是什么内容的数据。

（2）表头组<thead>标记中可以包含多个表头<th>标记用来说明每列数据的共性，如学生信息表中的学号。

（3）表内容组<tbody>标记包含了具体的数据，并以多行多列的形式表现出来，如学生信息表中的学生姓名。

（4）表尾组<tfoot>标记一般对表格进行注解。虽然显示时表尾组显示在表格的最后一行，但在实际编写代码时应该写在表头组和表内容组之间。

表内容组<tbody>标记包含常规行和列，其子元素组成结构如下所示：

```
表内容组开始<tbody>
        表行开始<tr>
            单元格<td></td>
        表行介绍</tr>
表内容组结束</tbody>
```

表内容是表格最常用的部分，表内容一般可以包含多个表行<tr>标记，而每个表行中包含了多个单元格<td>标记。

> **提示：** 数据表格在实际使用中要求没有这么严格和烦琐，这里只是给大家逐一介绍 HTML 中表格的组成结构及其作用。请不要被这些结构吓倒了。

在制作简单的显示表格和布局时，标题、表头组、表内容组、表尾组都可以不编写。简单的表格结构如下所示：

```
表格开始<table>
        表行开始<tr>
            单元格<td></td>
        表行介绍</tr>
表格结束</table>
```

简单表格<table>标记的组成结构非常清晰。

（1）每对<table>和</table>代表一个表格。

（2）每对<tr>和</tr>代表一行。

（3）每对<td>和</td>代表一个独立的单元格。

> **提示：** 单元格<td>标记就是填充数据的地方。

### 3.1.2 制作简单表格

接下来我们动手制作一个简单的表格,以熟悉表格行<tr>和单元格<td>标记的配合关系。其在浏览器中显示的效果如图 3-1 所示。

**示例 3-1 Demo0301. html**

```
<!DOCTYPE HTML PUBLIC "-//W3C//DTD HTML 4.01 Transitional//EN" "http://www.
w3.org/TR/html4/loose.dtd">
<html>
    <head>
        <meta http-equiv = "Content-Type" content = "text/html; charset = utf-8" />
        <title>简单的表格</title>
    </head>
    <body>
        <table>
            <tr>
                <td>学号</td>
                <td>姓名</td>
                <td>性别</td>
                <td>家庭地址</td>
            </tr>
            <tr>
                <td>100001</td>
                <td>张三</td>
                <td>男</td>
                <td>重庆市大龙街道希望小区 3-7-2</td>
            </tr>
            <tr>
                <td>100002</td>
                <td>李四</td>
                <td>男</td>
                <td>上海市黄浦区大洋花园 2-26-3</td>
            </tr>
            <tr>
                <td>100003</td>
                <td>何梅</td>
                <td>女</td>
                <td>重庆市周同路康名家苑 5-31-1</td>
```

```
            </tr>
        </table>
    </body>
</html>
```

执行结果：

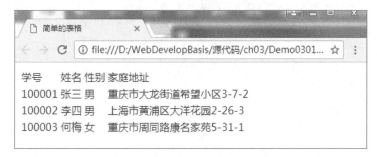

图3-1

我们可以看到默认情况下表格没有边框也没有背景色，但可以看出图3-1中表格标记已经把数据排列得整整齐齐，并且每个单元格的数据默认为左对齐。

### 3.1.3　制作完整表格

通过简单表格制作的学习，大家已经能够掌握表格定义的基本原理。接下来我们制作一个完整的数据表格，其在浏览器中显示的效果如图3-2所示。

**示例3-2　Demo0302.html**

```
<!DOCTYPE HTML PUBLIC "-//W3C//DTD HTML 4.01 Transitional//EN" "http://www.
w3.org/TR/html4/loose.dtd">
<html>
    <head>
    <meta http-equiv = "Content-Type" content = "text/html; charset = utf-8" />
    <title>简单的表格</title>
    </head>
    <body>
        <table>
            <caption>××学院学生信息表</caption>
            <thead>
                <th></th>
                <th>学号</th>
                <th>姓名</th>
                <th>性别</th>
```

```
            <th>家庭地址</th>
        </thead>
        <tfoot>
        <tr>
                <th></th>
                <td></td>
                <td></td>
                <td></td>
                <td>教务处制</td>
        </tr>
        </tfoot>
        <tbody>
        <tr>
                <th>(1. )</th>
                <td>100001</td>
                <td>张三</td>
                <td>男</td>
                <td>重庆市大龙街道希望小区 3-7-2</td>
        </tr>
        <tr>
                <th>(2. )</th>
                <td>100002</td>
                <td>李四</td>
                <td>男</td>
                <td>上海市黄浦区大洋花园 2-26-3</td>
        </tr>
        <tr>
                <th>(3. )</th>
                <td>100003</td>
                <td>何梅</td>
                <td>女</td>
                <td>重庆市周同路康名家苑 5-31-1</td>
        </tr>
        </tbody>
    </table>
  </body>
</html>
```

执行结果：

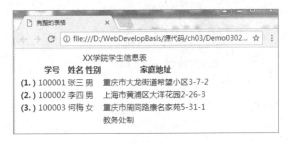

图 3-2

# 3.2 表格的整体设置

前面我们熟悉了简单表格和完整表格的定义方式。在表格整体中，可以组织很多数据，以更好地表现表格的组织能力。接下来我们将学习如何改变表格的外观，使表格更具特色。

## 3.2.1 设置表格的高宽

与之前学习的 HTML 其他标记一样，表格<table>标记有着许多相关调整的属性，对这些属性做一定的设置，可以改变整个表格的表现效果。首先我们学习表格的 height 和 width 属性，它们用于设置表格的高度和宽度，默认以像素（px）为单位，也可以使用百分比（××%）来表示。

一般情况下表格的高度和宽度值采用数值，即使用像素为默认单位，这样可以固定表格的整体大小。只有在表格需要自适应大小时，才考虑使用百分比作为高度和宽度的单位。其在浏览器中显示的效果如图 3-3 所示。

**示例 3-3　Demo0303. html**

```
<!DOCTYPE HTML PUBLIC "-//W3C//DTD HTML 4.01 Transitional//EN" "http://www.
w3.org/TR/html4/loose.dtd">
<html>
    <head>
        <meta http-equiv = "Content-Type" content = "text/html; charset = utf-8" />
        <title>表格的高宽设置</title>
    </head>
<body>
        <h2 style = "text-align: center">学生成绩表</h2>
        <table width = "700" height = "150">
            <thead>
                <tr>
```

```
                    <th>学号</th>
                    <th>姓名</th>
                    <th>性别</th>
                    <th>成绩</th>
                </tr>
            </thead>
            <tbody align = "center">
                <tr>
                    <th>01</th>
                    <td>小明</td>
                    <td>男</td>
                    <td>94</td>
                </tr>
                <tr>
                    <th>02</th>
                    <td>小红</td>
                    <td>女</td>
                    <td>97</td>
                </tr>
                <tr>
                    <th>03</th>
                    <td>小高</td>
                    <td>男</td>
                    <td>99</td>
                </tr>
            </tbody>
        </table>
    </body>
</html>
```

执行结果：

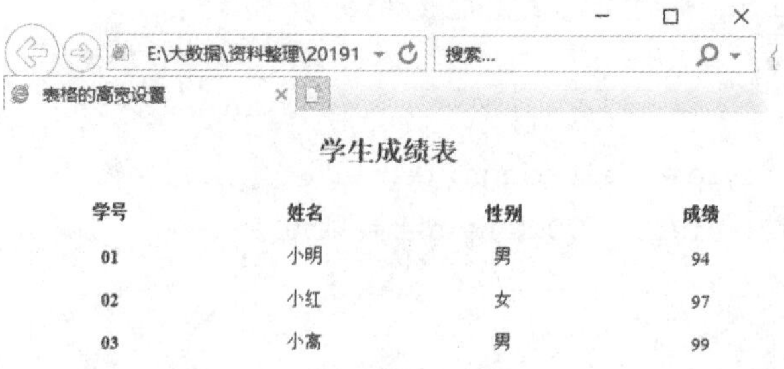

图 3-3

思考：表格的宽度设置为 100%，会怎样？

上例中，使用了两个表格<table>标记，以方便大家进行区别对比。两个表格的高度属性即 height 都为 150 像素，第一个表格的宽度属性 width 为 700 像素，第二个表格的宽度属性为 100%。很明显地看到第一个表格的宽度是固定的，第二个表格的宽度是随着浏览器的宽度改变而改变的，始终保持与浏览器宽度同等。读者可以调整浏览器的宽度观察其效果，以体会在不同情况下合理设置表格的高度和宽度。

### 3.2.2 设置表格的边框

表格也是通过 border 属性设置其边框粗细的，默认以像素为单位。边框是 HTML 标记的一个比较重要的属性。与其他 HTML 标记不同，表格除了可以设置边框的粗细，还可以设置边框的颜色。bordercolor 属性设置边框的颜色，默认颜色为黑色。其在浏览器中显示的效果如图 3-4 所示。

**示例 3-4　Demo0304. html**

```
<!DOCTYPE HTML PUBLIC "-//W3C//DTD HTML 4.01 Transitional//EN" "http://www.
w3.org/TR/html4/loose.dtd">
<html>
    <head>
    <meta http-equiv = "Content-Type" content = "text/html; charset = utf-8" />
    <title>表格的边框设置</title>
    </head>
    <body>
        <h2 style = "text-align: center">学生成绩表</h2>
        <table width = "700" height = "150" border = "3" bordercolor = "#
FF0000">
            <thead>
                <tr>
                    <th>学号</th>
                    <th>姓名</th>
                    <th>性别</th>
                    <th>成绩</th>
                </tr>
            </thead>
            <tbody>
                <tr>
                    <th>01</th>
                    <td>小明</td>
                    <td>男</td>
```

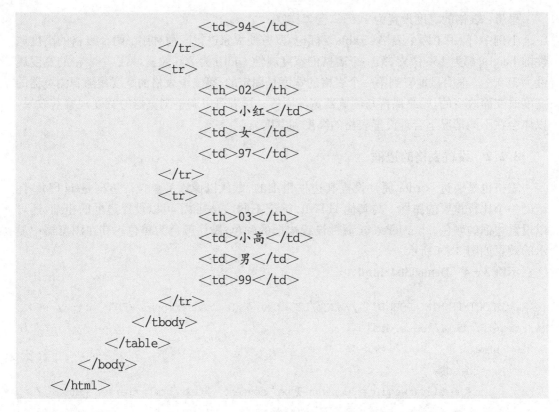

```
                    <td>94</td>
               </tr>
               <tr>
                    <th>02</th>
                    <td>小红</td>
                    <td>女</td>
                    <td>97</td>
               </tr>
               <tr>
                    <th>03</th>
                    <td>小高</td>
                    <td>男</td>
                    <td>99</td>
               </tr>
          </tbody>
     </table>
  </body>
</html>
```

执行结果：

图 3-4

### 3.2.3 设置表格中单元格的内外边距

关于"表格中单元格的内外边距"这句话可能大家无法理解到底是什么意思，这里将用形容的方式来对它做一个分析。首先我们可以把表格<table>理解为大盒子，表格中 N 个单元格就是这个大盒子里面的 N 个小盒子。那么每个小盒子与小盒子之间的距离，就称为外边距，每个小盒子中放置的物品（如文本、图片、超链接等），它们与当前小盒子边框的距离，就称为内边距。在表格中分别由 cellspacing 属性（外边距）和 cellpadding 属性（内边距）来灵活控制表格外观，cellspacing 属性默认值为 1，cellpadding 属性默认值为 0，默认以像素为单位。其设置后的变化如图 3 - 5 所示。

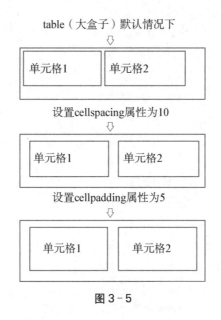

图 3 - 5

接下来为表格单元格的内外边距设置示例代码,其在浏览器中显示的效果如图 3 - 6 所示。

**示例 3 - 5　Demo0305. html**

```html
<!DOCTYPE HTML PUBLIC "-//W3C//DTD HTML 4.01 Transitional//EN" "http://www.
w3.org/TR/html4/loose.dtd">
<html>
    <head>
     <meta http-equiv = "Content-Type" content = "text/html; charset = utf-8" />
     <title>表格单元格内外边距</title>
    </head>
    <body>
        <h2 style = "text-align: center">学生成绩表</h2>
        <table width = "600"　height = "150"　border = "3"　bordercolor =
"#FF0000" cellspacing = "10" cellpadding = "5" >
            <thead>
                <tr>
                    <th>学号</th>
                    <th>姓名</th>
                    <th>性别</th>
                    <th>成绩</th>
                </tr>
            </thead>
```

```
            <tbody>
                <tr>
                    <th>01</th>
                    <td>小明</td>
                    <td>男</td>
                    <td>94</td>
                </tr>
                <tr>
                    <th>02</th>
                    <td>小红</td>
                    <td>女</td>
                    <td>97</td>
                </tr>
                <tr>
                    <th>03</th>
                    <td>小高</td>
                    <td>男</td>
                    <td>99</td>
                </tr>
            </tbody>
        </table>
    </body>
</html>
```

执行结果：

## 学生成绩表

| 学号 | 姓名 | 性别 | 成绩 |
|:---:|---|---|---|
| 01 | 小明 | 男 | 94 |
| 02 | 小红 | 女 | 97 |
| 03 | 小高 | 男 | 99 |

图 3-6

提示：在用表格布局网页时，为了消除内外边距带来的影响，一般情况下 cellspacing 和 cellpadding 属性都设置为 0。

## 3.3　表格行的设置

行是组成表格必不可少的一部分，一个表格由多个行组成，而每行中又包含了单元格。正是这样的包含关系，通过设置行的属性，可以批量地设置同一行单元格的部分属性。

### 3.3.1　行高的设置

表格中行只有 height 属性，即只能设置行的高度，行的宽度总是和表格宽度相等的。表格设置的总高度并不能约束所有行之和的高度，表格设置的高度只是确定当前表格的最小高度。其在浏览器中显示的效果如图 3-7 所示。

**示例 3-6　Demo0306. html**

```
<!DOCTYPE HTML PUBLIC "-//W3C//DTD HTML 4.01 Transitional//EN" "http://www.w3.org/TR/html4/loose.dtd">
<html>
    <head>
        <meta http-equiv = "Content-Type" content = "text/html; charset = utf-8" />
        <title>设置表格的行高</title>
    </head>
    <body>
        <h2 style = "text-align: center">学生成绩表</h2>
        <table width = "600" height = "150" border = "1" cellspacing = "0" cellpadding = "0" >
            <thead>
                <tr>
                    <th>学号</th>
                    <th>姓名</th>
                    <th>性别</th>
                    <th>成绩</th>
                </tr>
            </thead>
            <tbody>
                <tr>
                    <th>01</th>
```

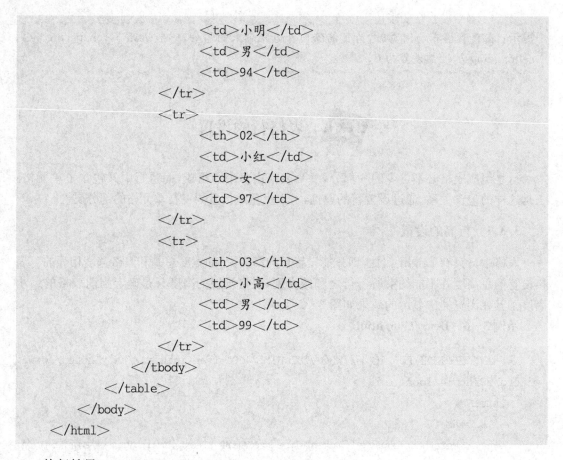

```
                    <td>小明</td>
                    <td>男</td>
                    <td>94</td>
                </tr>
                <tr>
                    <th>02</th>
                    <td>小红</td>
                    <td>女</td>
                    <td>97</td>
                </tr>
                <tr>
                    <th>03</th>
                    <td>小高</td>
                    <td>男</td>
                    <td>99</td>
                </tr>
            </tbody>
        </table>
    </body>
</html>
```

执行结果：

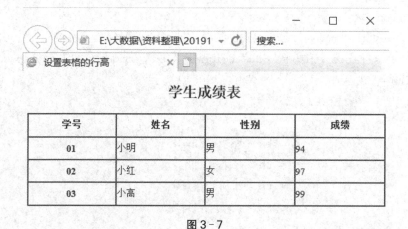

图 3-7

### 3.3.2　行内的对齐方式

在表格中行包含了单元格，单元格包含了表格的内容数据。通过设置行的对齐方式，可以控制整个行数据在各自单元格的对齐方式。表格的行分为水平对齐和垂直对齐两种，通过水平与垂直对齐方式进行组合,可以让表格的内容数据基于 9 个位置显示。其属性分别是 align(水平对齐)和 valign(垂直对齐)。水平对齐取值分别有 left(左对齐)、right(右对齐)和 center(居中对齐)。而垂直对齐取值分别有 top(顶端对齐)、middle(垂直居中对齐)和 bottom(底部对齐)。其在浏览器中显示的效果如图 3-8 所示。

**示例 3-7 Demo0307. html**

```
<!DOCTYPE HTML PUBLIC "-//W3C//DTD HTML 4.01 Transitional//EN" "http://www.
w3.org/TR/html4/loose.dtd">
<html>
    <head>
        <meta http-equiv = "Content-Type" content = "text/html; charset = utf-8" />
        <title>行内的对齐方式</title>
    </head>
    <body>
        <h2 style = "text-align: center">学生成绩表</h2>
        <table width = "600" height = "150" border = "1" cellspacing = "0"
cellpadding = "0">
            <thead>
                <tr>
                    <th>学号</th>
                    <th>姓名</th>
                    <th>性别</th>
                    <th>成绩</th>
                </tr>
            </thead>
            <tbody align = "center">
                <tr>
                    <th>01</th>
                    <td>小明</td>
                    <td>男</td>
                    <td>94</td>
                </tr>
                <tr>
                    <th>02</th>
                    <td>小红</td>
                    <td>女</td>
                    <td>97</td>
                </tr>
```

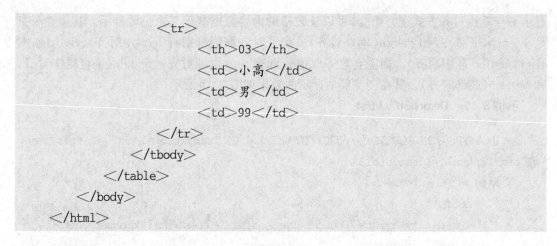

```
                    <tr>
                        <th>03</th>
                        <td>小高</td>
                        <td>男</td>
                        <td>99</td>
                    </tr>
                </tbody>
            </table>
        </body>
    </html>
```

执行结果：

图 3-8

## 3.4　表格单元格的设置

　　表格中的行由多个单元格组成,那么单元格是表格行的一部分。单元格中包含了表格的相关数据,它是表格最重要的组成部分。在一些复杂的结构网页中,单元格还可以嵌套另一个表格。

> 说明：当表格、表格行与单元格设置了相同属性时,单元格设置的属性优先级高于表格和表格行。

### 3.4.1　设置单元格的高宽

　　在表格中行只有 height 属性,即只能设置行的高度。而表格的单元格分别可以设置高度和宽度属性,即 height 属性和 width 属性。不管单元格的宽度设置为多少,表格行的总宽度永远保持为表格的宽度。其在浏览器中显示的效果如图 3-9 所示。

**示例 3-8 Demo0308. html**

```html
<!DOCTYPE HTML PUBLIC "-//W3C//DTD HTML 4.01 Transitional//EN" "http://www.
w3.org/TR/html4/loose.dtd">
<html>
    <head>
        <meta http-equiv = "Content-Type" content = "text/html; charset = utf-8" />
        <title>设置单元格的高宽</title>
    </head>
    <body>
        <h2 style = "text-align: center">学生成绩表</h2>
        <table width = "600" height = "150" border = "1" cellspacing = "0"
cellpadding = "0" >
            <thead>
                <tr>
                    <th>学号</th>
                    <th>姓名</th>
                    <th>性别</th>
                    <th>成绩</th>
                </tr>
            </thead>
            <tbody align = "center">
                <tr>
                    <th>01</th>
                    <td>小明</td>
                    <td>男</td>
                    <td>94</td>
                </tr>
                <tr>
                    <th>02</th>
                    <td>小红</td>
                    <td>女</td>
                    <td>97</td>
                </tr>
                <tr>
                    <th>03</th>
                    <td>小高</td>
```

```
                    <td>男</td>
                    <td>99</td>
                </tr>
            </tbody>
        </table>
    </body>
</html>
```

执行结果：

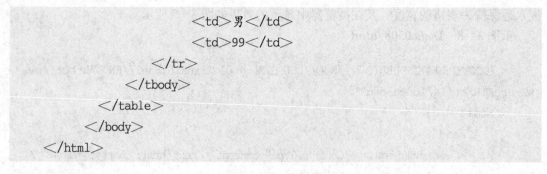

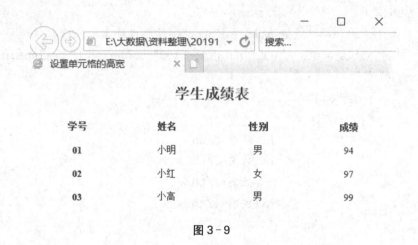

图 3 - 9

### 3.4.2 设置单元格内数据的对齐方式

与表格的行对齐方式设置一样,单元格也分别有水平对齐(align)和垂直对齐(valign)的属性,只是其优先级高于行的设置。其在浏览器中显示的效果如图 3 - 10 所示。

**示例 3 - 9  Demo0309. html**

```
<!DOCTYPE HTML PUBLIC "-//W3C//DTD HTML 4.01 Transitional//EN" "http://www.
w3.org/TR/html4/loose.dtd">
<html>
    <head>
        <meta http-equiv = "Content-Type" content = "text/html; charset = utf-8" />
        <title>设置单元格内数据的对齐方式</title>
    </head>
    <style>
        th{text-align: center;}
        td{text-align: left;}
    </style>
```

```
<body>
    <h2 style = "text-align: center">学生成绩表</h2>
    <table width = "600" height = "150" border = "1" cellspacing = "0"
cellpadding = "0" >
        <thead>
            <tr>
                <th>学号</th>
                <th>姓名</th>
                <th>性别</th>
                <th>成绩</th>
            </tr>
        </thead>
        <tbody align = "center">
            <tr>
                <th>01</th>
                <td>小明</td>
                <td>男</td>
                <td>94</td>
            </tr>
            <tr>
                <th>02</th>
                <td>小红</td>
                <td>女</td>
                <td>97</td>
            </tr>
            <tr>
                <th>03</th>
                <td>小高</td>
                <td>男</td>
                <td>99</td>
            </tr>
        </tbody>
    </table>
</body>
</html>
```

执行结果:

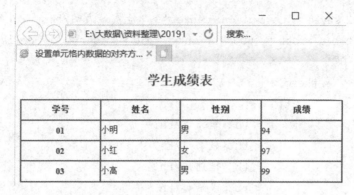

图 3-10

### 3.4.3 单元格的合并功能

表格中提供了单元格合并功能,主要是为了更加灵活地将各种数据内容安排到表格中。这也是在布局网页时非常重要的运用。单元格合并功能分别有水平合并单元格(colspan)和垂直合并单元格(rowspan),它们的值为水平或垂直合并单元格的数量。其在浏览器中显示的效果如图 3-11 所示。

**示例 3-10　Demo0310.html**

```
<!DOCTYPE HTML PUBLIC "-//W3C//DTD HTML 4.01 Transitional//EN" "http://www.
w3.org/TR/html4/loose.dtd">
<html>
    <head>
        <meta http-equiv = "Content-Type" content = "text/html; charset = utf-8" />
        <title>单元格的合并功能</title>
    </head>
    <body>
        <h2 style = "text-align: center">学生成绩表</h2>
        <table width = "600" height = "150" border = "1" cellspacing = "0"
cellpadding = "0">
            <thead>
                <tr>
                    <th>学号</th>
                    <th>姓名</th>
                    <th>性别</th>
                    <th>成绩</th>
                </tr>
            </thead>
```

```
          <tfoot>
              <tr>
                  <td colspan = "5" align = "right">学院办公室制</td>
              </tr>
          </tfoot>
          <tbody align = "center">
              <tr>
                  <th>01</th>
                  <td>小明</td>
                  <td>男</td>
                  <td>94</td>
              </tr>
              <tr>
                  <th>02</th>
                  <td>小红</td>
                  <td>女</td>
                  <td>97</td>
              </tr>
              <tr>
                  <th>03</th>
                  <td>小高</td>
                  <td>男</td>
                  <td>99</td>
              </tr>
          </tbody>
      </table>
  </body>
</html>
```

执行结果：

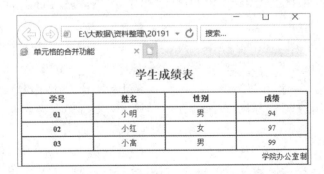

图 3 - 11

> **注意:** 使用 colspan 属性和 rowspan 属性合并横向或纵向单元格时,合并的单元格不要超过或少于实际单元格数量,以免产生空隙。

## 3.5 框 架

框架是一种划分浏览器窗口的特殊方式,使用框架可以将多个网页组合成一个页面显示在浏览器中。浏览器的各个页面之间相互独立,却又相互关联。用户在浏览这种页面的时候,当对其中某一个部分进行操作时,如浏览、下载,其他页面会保持不变,这样的页面就被称为框架结构的页面,也称为多窗口页面。

由于网络带宽的不断提升,网络应用中多媒体元素随处可见。我们学习利用 HTML 代码在网页中加入多媒体元素。

### 3.5.1 <iframe>标记

iframe 元素会创建包含另外一个文档的内联框架(即行内框架)。<iframe>的属性如表 3-1 所示。

表 3-1

| 属性 | 说明 |
| --- | --- |
| src | 引入文档的路径 |
| width/height | 设定框架的宽与高 |
| scrolling | 是否显示滚动条,auto\|yes\|no |
| frameborder | 是否要边框,1 显示,0 不显示 |
| name | 内联框架的名称,可以和锚链接结合起来实现页面之间的跳转 |

**示例 3-11 Demo0311. html**

```
<!DOCTYPE HTML PUBLIC "-//W3C//DTD HTML 4.01 Transitional//EN" "http://www.
w3.org/TR/html4/loose.dtd">
<html>
  <head>
    <meta http-equiv = "Content-Type" content = "text/html; charset = utf-8" />
    <title>iframe 标记</title>
  </head>
  <body>
    <p>iframe 标记嵌套一个 html 页面</p>
```

```
        <iframe src = "test01. html" frameborder = "1" width = "200" height =
"100" name = "iframe" scrolling = "yes"></iframe>
    </body>
</html>
```

执行结果如图 3 - 12 所示：

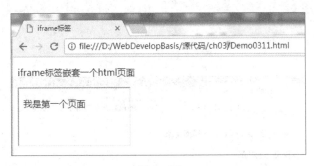

图 3 - 12

### 3.5.2 name 属性实现页面跳转

<iframe>内联框架的 name 属性可以和前面学过的锚链接结合起来，实现页面间的相互跳转。具体步骤如下。

（1）在被打开的框架上加 name 属性，关键代码如下：

```
    <iframe src = "test02. html" width = "200" height = "100" name = "test" ></
iframe>
```

（2）在超链接上设置 target 目标窗口属性为希望显示的框架窗口名，关键代码如下：

```
    <a href = "test02. html" target = "test">我是第二个页面</a>
```

**示例 3 - 12    Demo0312. html**

```
    <!DOCTYPE HTML PUBLIC "-//W3C//DTD HTML 4.01 Transitional//EN" "http://www.
w3.org/TR/html4/loose.dtd">
    <html>
    <head>
        <meta http-equiv = "Content-Type" content = "text/html; charset = utf-8" />
        <title>iframe 标记</title>
    </head>
    <body>
        <p>iframe 标记 name 属性实现页面跳转</p>
```

```
<p><a href = "test01.html" target = "test">我是第一个页面</a></p>
<p><a href = "test02.html" target = "test">我是第二个页面</a></p>
<p> <a href = "test03.html" target = "test">我是第三个页面</a></p>
< iframe src = "test02. html" frameborder = "1" width = "200" height =
"100" name = "test" scrolling = "yes"></iframe>
  </body>
</html>
```

执行结果如图 3－13 所示：

图 3－13

# 3.6 上 机 练 习

■ 上机练习 1：使用表格标记制作流量调查表，效果如图 3－14 所示。

图 3－14

■ 上机练习 2：使用<iframe>实现不同页面的嵌套,效果如图 3-15 所示。

要求如下：

◆ 单击"数学"超链接,在下面的<iframe>框内显示"数学"。

◆ 单击"计算机"超链接,在下面的<iframe>框内显示"计算机"。

◆ 单击"英语"超链接,在下面的<iframe>框内显示"英语"。

图 3-15

# 小　结

➢ 在 HTML 中,标准的数据表格<table>标记的子元素组成结构包括标题、表头组、表内容组和表尾组。

➢ 行<tr>是组成表格必不可少的一部分,一个表格由多个行组成,而每行中又包含了单元格<td>。

➢ <iframe>对标记是一种特殊的框架,它是在浏览器窗口中嵌套子窗口。

# 交互控件表单 //////////////////////////////////////

◆ 会制作表单
◆ 掌握表单元素

一个完整的网站不仅仅展示给浏览者,而是应该提供更多交互的功能。例如,网络上广泛应用的论坛、注册系统等网页,可使浏览者充分参与到网页内容中。表单是完成网页交互功能最重要的 HTML 元素,将本项目内容学习扎实,对以后学习动态网页有很大的帮助。

 表单的作用及属性

所谓表单,就是在 HTML 文档中用于获取用户输入的部件。在 HTML 文档中,当用户填写完信息并提交(submit)后,表单的内容就从客户端的浏览器传送到 Web 服务器上,经过 Web 服务器上的 PHP 或 ASP 等处理程序(也叫服务器脚本)处理后,再将用户所需信息传送回客户端的浏览器上,这样网页就具有了交互性。表单由表单标记和表单元素标记(也可称为表单域和控件)组成。表单一般应该包含用户填写信息的输入框、提交按钮等,这些输入框、按钮就是表单元素(或控件)。表单就像一个容器,它能够容纳各种各样的控件。

### 4.1.1 表单的作用

表单不是表格,既不用来显示数据,也不用来布局网页,甚至其外观都不是很重要。表单提供一个界面,一个入口,便于浏览者把数据提交给后台程序进行处理。

HTML 代码中的表单是对标记<form></form>。类似表格、列表等 HTML 元素,表单元素由很多表单子元素组成。表单子元素的作用是提供不同类型的容器,记录浏览者输入的数据。

浏览者完成表单数据输入后,表单将把数据提交到后台程序页面,剩余的事情由后台程序完成。页面中可以有多个表单,但要保证一个表单只能提交一次数据。表单最常见的应用有用户登录界面、用户注册界面、网页调查问卷等。表单的作用如图 4-1 所示。

图 4-1

### 4.1.2　表单的组成结构

表单组成结构比较简单,其子元素组合比较灵活。可以添加多个子元素在表单结构内,也可以只添加一个子元素。在表单结构中,同一种表单控件可以添加多个。表单控件有个 name 属性,必须赋予不同的名字,用于标识不同的控件以保证唯一性,并且便于程序处理。表单的结构如图 4-2 所示。

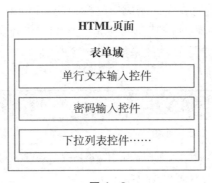

图 4-2

说明:控件也称为表单子元素。

### 4.1.3　表单传递数据的方式

浏览者输入数据到表单控件中后,当浏览者单击表单中"submit"类型的控件时,表单将把数据提交到后台程序。

表单元素有一个 action 属性,其值为表单提交目标程序的 URL。表单的另一个属性是 method,即提交数据的方法,其值有两种:get 和 post,默认是 get 方法,而 post 是最常用的方法。

get 方法是通过 URL 传递数据给程序的,数据容量小,并且数据暴露在 URL 中,非常不安全。get 将表单中的数据按照"变量=值"的形式,添加到 action 所指向的 URL 后面,并且两者使用"?"连接,而各个变量之间使用"&"连接。

post 是将表单中的数据放在 form 的数据体中,按照变量和值相对应的方式传递到 action 所指向的程序。post 方法能传输大容量的数据,并且所有操作对用户来说都是不可见的,非常安全。

## *4.2* 表 单 控 件

上一节是介绍表单的整体设置,一般情况下只需要设置 action 属性及 method 属性。表单内部的控件比较多,适用于不同类型的数据记录。大部分的表单控件都采用单标记<input />,不同的控件其<input />的 type 属性取值不同。

### 4.2.1　单行文本框与密码框控件

单行文本框控件使用比较频繁,多用于用户名和昵称等应用。单行文本框的标记为<input type="text" />,这将生成一个空的单行文本框,value 属性可以设置其文字初始内容。如果仅仅显示内容而不允许浏览者输入内容,可以设置其 readonly 属性为"true"。

密码框多用于注册和登录,在浏览者填入内容时,密码框内将显示实心圆符号或其他系统定义的密码符号,以保证信息安全。密码框的标记为<input type="password" />,除了显示不同外,单行文本框与密码框的其他属性是一样的。单行文本框与密码框的常用属性如表 4-1 所示,其在浏览器中显示的效果如图 4-3 所示。

表 4-1

| 属性 | 功能 |
| --- | --- |
| name | 为文本框命名 |
| value | 设置文本框中初始的文本内容,不填为空(由用户添加) |
| size | 设置文本框的显示长度 |
| maxlength | 设置文本框可输入的最大字符数 |
| readonly | 设置为只读 |

**示例 4-1　Demo0401. html**

```
<!DOCTYPE HTML PUBLIC "-//W3C//DTD HTML 4.01 Transitional//EN" "http://www.
w3.org/TR/html4/loose.dtd">
<html>
  <head>
    <meta http-equiv="Content-Type" content="text/html; charset=utf-8" />
    <title>单行文本框与密码框</title>
  </head>
  <body>
    <h2>用户登录</h2>
    <form action="#" method="post">
    用户:<input type="text" name="userName" value="用户名" size
="30" maxlength="20" />
```

```
<br />
        密码: <input  type = "password"  name = "pass"  size = "20" />
<br />
        </form>
    </body>
</html>
```

执行结果:

图 4-3

### 4.2.2 多行文本框控件

如果浏览者需要输入大量的文本内容,单行文本框显然无法完成,需要用到多行文本框。与很多控件不同,多行文本框不是<input/>标记,而是对标记<textarea></textarea>,标记<textarea>与</textarea>之间的内容为初始文本内容。

多行文本框控件的常用属性有 cols(列)和 rows(行),cols 属性类似单行文本框的字符宽度,rows 属性的值则设定多行文本框的具体行数。其在浏览器中显示的效果如图 4-4 所示。

**示例 4-2  Demo0402. html**

```
<!DOCTYPE HTML PUBLIC "-//W3C//DTD HTML 4.01 Transitional//EN" "http://www.
w3.org/TR/html4/loose.dtd">
<html>
    <head>
    <meta http-equiv = "Content-Type" content = "text/html; charset = utf-8" />
    <title>多行文本框</title>
    </head>
    <body>
        <h2>多行文本框</h2>
        <form action = "#" method = "post">
```

```
        个性签名：<br />
        <textarea cols = "70" rows = "15" name = "showText"></textarea>
    </form>
</body>
</html>
```

执行结果：

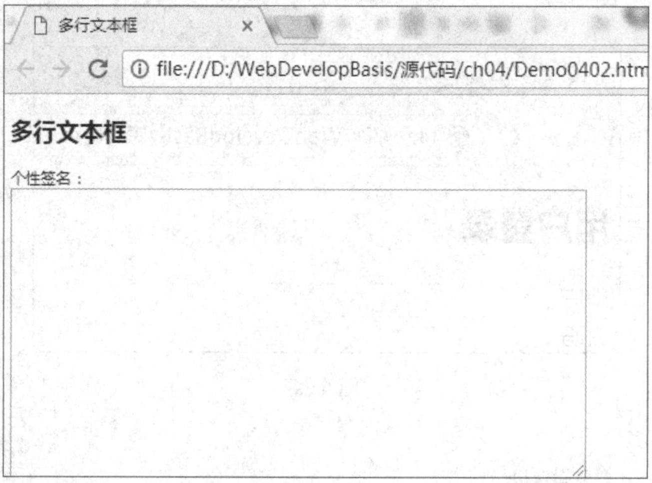

图 4 - 4

### 4.2.3 单选按钮控件

如果需要在网页中进行单一选择，可以使用单选按钮控件。单选按钮在页面中以圆框表示。其标记为<input type="radio" />。为了保证多个单选按钮控件属于同一组，一组中每个单选按钮控件都有相同的 name 属性值。其在浏览器中显示的效果如图 4 - 5 所示。

示例 4 - 3　Demo0403. html

```
<!DOCTYPE HTML PUBLIC "-//W3C//DTD HTML 4.01 Transitional//EN" "http://www.
w3.org/TR/html4/loose.dtd">
<html>
    <head>
        <meta http-equiv = "Content-Type" content = "text/html; charset = utf-8" />
        <title>单选按钮</title>
    </head>
    <body>
        <h2>单选按钮</h2>
        <form action = "#" method = "post">
```

```
                性别：
    <input type = "radio" name = "sex" value = "男" checked = "checkde"/>男
    <input type = "radio" name = "sex" value = "女"/>女
                    </form>
        </body>
    </html>
```

执行结果：

图 4-5

### 4.2.4 复选框控件

如果需要在网页中进行多项选择，可以使用复选框控件。复选项在页面中以一个方框来表示，复选按钮的标记为<input type="checkbox" />。复选框控件可以将一些内容以选择的形式展现在网页上，并且选择的内容可以是一个，也可以是多个。其在浏览器中显示的效果如图 4-6 所示。

**示例 4-4 Demo0404. html**

```
<!DOCTYPE HTML PUBLIC "-//W3C//DTD HTML 4.01 Transitional//EN" "http://www.w3.org/TR/html4/loose.dtd">
<html>
    <head>
        <meta http-equiv = "Content-Type" content = "text/html; charset = utf-8" />
        <title>复选框</title>
    </head>
    <body>
        <h2>复选框</h2>
        <form action = "#" method = "post">
        1. 对于 &lt; form method = * &gt;标签,其中 * 可以是下列( )。<br /><br />
```

```
            <input type = "checkbox" name = "interest  value = "set">set  
            <input type = "checkbox" name = "interest  value = "put">put  
            <input type = "checkbox" name = "interest  value = "post">post 
           < input  type = " checkbox"  name = " interest   value = " input"
>input 
                   <input type = "checkbox" value = "get">get 
            </form>
        </body>
    </html>
```

执行结果：

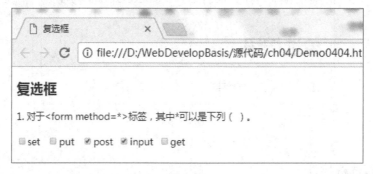

图 4-6

### 4.2.5 下拉列表控件

下拉列表控件主要用来选择给定答案中的一种,这类选择往往答案比较多,使用单选按钮比较浪费空间。可以说,下拉列表控件主要是为了节省页面空间而设计的。下拉列表控件是通过<select>和<option>对标记来实现的。其在浏览器中显示的效果如图 4-7 所示。

**示例 4-5　Demo0405.html**

```
    <!DOCTYPE HTML PUBLIC "-//W3C//DTD HTML 4.01 Transitional//EN" "http://www.
w3.org/TR/html4/loose.dtd">
    <html>
        <head>
        <meta http-equiv = "Content-Type" content = "text/html; charset = utf-8" />
        <title>下拉列表</title>
        </head>
        <body>
            <h2>下拉列表</h2>
```

```
        <form action = " ♯ " method = "post">
        城市:
        <select name = "user">
            <option>北京</option>
            <option>上海</option>
            <option>天津</option>
            <option>重庆</option>
            <option>成都</option>
        </select>
        </form>
    </body>
</html>
```

执行结果:

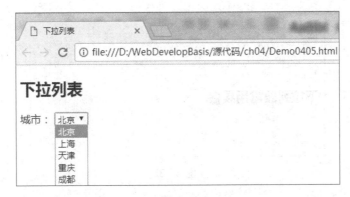

图 4-7

下拉列表<select>标记的 size 属性设定页面中的最多列表项数,当超过这个值的时候会出现滚动条。而 multiple 属性表示这一列表可以进行多项选择。其在浏览器中显示的效果如图 4-8 所示。

示例 4-6　Demo0406. html

```
<!DOCTYPE HTML PUBLIC "-//W3C//DTD HTML 4.01 Transitional//EN" "http://www.
w3.org/TR/html4/loose.dtd">
<html>
    <head>
        <meta http-equiv = "Content-Type" content = "text/html; charset = utf-8" />
        <title>下拉列表常用属性</title>
    </head>
    <body>
```

```
        <h2>下拉列表常用属性</h2>
        <form action = "#" method = "post">
        城市:
        <select name = "user" size = "3" multiple = "multiple">
            <option>北京</option>
            <option>上海</option>
            <option>天津</option>
            <option>重庆</option>
            <option>成都</option>
        </select>
        </form>
    </body>
</html>
```

执行结果:

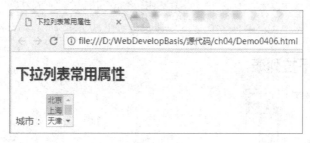

图 4-8

列表项<option>标记与下拉菜单不同的是列表项在页面中出现一个选择框,可以拖动滚动条进行选择。列表项的 selected 属性表示当前元素被默认选中,value 属性表示发送到服务器的选项值。其在浏览器中显示的效果如图 4-9 所示。

**示例 4-7    Demo0407. html**

```
    <!DOCTYPE HTML PUBLIC "-//W3C//DTD HTML 4.01 Transitional//EN" "http://www.
w3.org/TR/html4/loose.dtd">
    <html>
        <head>
        <meta http-equiv = "Content-Type" content = "text/html; charset = utf-8"/
        <title>列表项常用属性</title>
        </head>
        <body>
            <h2>列表项常用属性</h2>
            <form action = "#" method = "post">
```

```
            城市：
            <select>
                <option value = "BJ">北京</option>
                <option value = "SH">上海</option>
                <option value = "TJ">天津</option>
                <option selected = "selected" value = "CQ">重庆</option>
                <option value = "CD">成都</option>
            </select>
        </form>
    </body>
</html>
```

执行结果：

图 4 - 9

### 4.2.6 普通按钮控件

在网页中，按钮一般是在提交页面、恢复选项的时候用的。普通按钮的标记为<input type="button" />，一般情况下它只配合脚本进行表单处理。它的 value 属性设置按钮显示的文本内容，disabled 属性表示禁用当前按钮。其在浏览器中显示的效果如图 4 - 10 所示。

**示例 4 - 8　Demo0408. html**

```
<!DOCTYPE HTML PUBLIC "-//W3C//DTD HTML 4.01 Transitional//EN" "http://www.
w3.org/TR/html4/loose.dtd">
<html>
    <head>
        <meta http-equiv = "Content-Type" content = "text/html; charset = utf-8" />
        <title>普通按钮</title>
    </head>
```

```
    <body>
        <h2>普通按钮的运用方式</h2>
        <form action = "#" method = "post">
            <input type = "button" value = "普通按钮"  />
                <input type = "button" value = "禁用按钮" disabled =
"disabled"  />
                <input type = "button" value = "点击我试试" onClick = "alert
('我被你点击了');"  />
        </form>
    </body>
 </html>
```

执行结果：

图 4 - 10

### 4.2.7　提交和重置按钮控件

在网页中要实现表单内容的提交，可以添加提交按钮，提交按钮的标记为<input type＝"submit" />。提交按钮不需要设置 onClick 事件，浏览者只需要单击该按钮，所属表单将提交数据至指定的服务器脚本进行处理。同样，在页面中有种按钮可以用来清除用户在页面中输入的信息，称为重置按钮，重置按钮的标记为<input type＝"reset" />。它们的常用属性与普通按钮相同。其在浏览器中显示的效果如图 4 - 11 所示。

**示例 4 - 9　Demo0409. html**

```
    <!DOCTYPE HTML PUBLIC "-//W3C//DTD HTML 4.01 Transitional//EN" "http://www.
w3. org/TR/html4/loose.dtd">
    <html>
        <head>
        <meta http-equiv = "Content-Type" content = "text/html; charset = utf-8" />
        <title>提交与重置按钮</title>
        </head>
        <body>
            <h2>提交与重置按钮</h2>
```

```
<form action = " # " method = "post">
  <table width = "300" height = "100" border = "0">
   <tr>
     <td align = "right" width = "100">用户名：</td>
       <td><input type = "text" maxlength = "18" /></td>
   </tr>
   <tr>
     <td align = "right" width = "100">密码：</td>
       <td><input type = "password"  maxlength = "16"  /></td>
   </tr>
   <tr>
     <td align = "right" width = "100">确认密码：</td>
       <td><input type = "password"  maxlength = "16"  /></td>
   </tr>
   <tr>
     <td align = "center" colspan = "2" >
        <input type = "submit" value = "提　交" />
           <input type = "reset" value = "重　置" />
       </td>
   </tr>
  </table>
</form>
</body>
</html>
```

执行结果：

图 4 - 11

#### 4.2.8 文件域控件

在网络中上传文件时常常要用到文件域,它用来查找本地硬盘中的文件,并把路径显示在文件域中,然后通过表单将选中的文件上传。在设置电子邮件的附件、上传头像、发送文件的时候,可以使用文件域控件。文件域的标记为<input type="file" />,其在浏览器中显示的效果如图 4-12 所示。

**示例 4-10  Demo0410. html**

```
<!DOCTYPE HTML PUBLIC "-//W3C//DTD HTML 4.01 Transitional//EN" "http://www.
w3.org/TR/html4/loose.dtd">
<html>
    <head>
     <meta http-equiv = "Content-Type" content = "text/html; charset = utf-8" />
     <title>文件域</title>
    </head>
    <body>
      <h2>文件域</h2>
      <form action = "#" method = "post">
        <input type = "file" name = "myFile" /><br /><br />
          <input type = "submit" name = "upload" value = "提  交" />
      </form>
    </body>
</html>
```

执行结果:

图 4-12

#### 4.2.9 隐藏域控件

如果在表单中需要传递一些参数,而这些参数又不需要在页面中显示,可以使用隐藏域进行提交。隐藏域的标记为<input type="hidden" />,其在浏览器中显示的效果如图 4-13

所示。

**示例 4-11　Demo0411. html**

```
<!DOCTYPE HTML PUBLIC "-//W3C//DTD HTML 4.01 Transitional//EN" "http://www.
w3.org/TR/html4/loose.dtd">
<html>
    <head>
        <meta http-equiv = "Content-Type" content = "text/html; charset = utf-8" />
        <title>隐藏域</title>
    </head>
    <body>
        <center>
            <h2>隐藏域</h2>
            <form action = "#" method = "post">
                账号: <input type = "text" /><br />
                密码: <input type = "password" /><br />
                角色: < input type = " radio" value = " teacher" name = " role"
checked = "checked" />教师
                            <input type = "radio" value = "student" name = "role" />
学生<br />
                            <input type = "hidden" name = "data" value = "school" />无法在
页面显示的隐藏域控件<br />
                            <input type = "image" src = "Images/img_btn.png" />
            </form>
        </center>
    </body>
</html>
```

执行结果:

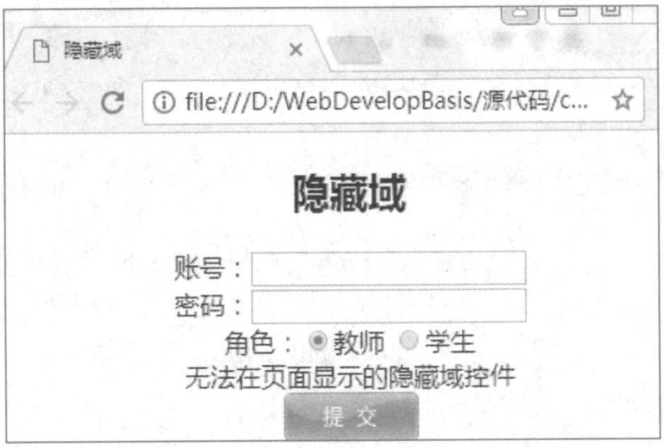

图 4-13

###  表单制作注册页面

　　用户注册在网站中很常见,经常需要结合表格进行布局排版。本节中我们将使用所学知识制作一个完整的用户信息注册页面,其在浏览器中显示的效果如图 4 - 14 所示。

**示例 4 - 12 Demo0412. html**

```
<!DOCTYPE HTML PUBLIC "-//W3C//DTD HTML 4.01 Transitional//EN" "http://www.
w3.org/TR/html4/loose.dtd">
<html>
    <head>
        <meta http-equiv = "Content-Type" content = "text/html; charset = utf-8" />
        <title>用户注册</title>
    </head>
    <body>
        <h2>新用户注册</h2>
        <form action = "#" method = "post">
                <h3>必填信息</h3>
                <table width = "330" border = "0">
                    <tr>
                        <td align = "right">用户名:</td>
                        <td><input type = "text" maxlength = "16" name =
"username"  /></td>
                    </tr>
                    <tr>
                        <td align = "right">密码:</td>
                        <td><input type = "password" maxlength = "16"
name = "pwd1"  /></td>
                    </tr>
                    <tr>
                        <td align = "right">确认密码:</td>
                        <td><input type = "password" maxlength = "16"
name = "pwd2"  /></td>
                    </tr>
                    <tr>
                        <td align = "right" width = "100">性别:</td>
                        <td>
                            <input type = "radio" name = "sex" checked =
"checked" value = "man"  />男
```

```
                              <input type = "radio" name = "sex"  value =
"woman"  />女
                         </td>
                    </tr>
                    <tr>
                         <td align = "right" width = "100">学历：</td>
                         <td>
                              <select name = "education">
                                   <option>请选择...</option>
                                   <option>博士</option>
                                   <option>硕士</option>
                                   <option>研究生</option>
                                   <option>本科</option>
                                   <option>大专</option>
                                   <option>高中</option>
                              </select>
                         </td>
                    </tr>
                    <tr>
                         <td align = "right"> 联系电话：</td>
                         <td><input type = "text" maxlength = "16" name =
"tel"  /></td>
                    </tr>
               </table>
     <br><hr>
               <h3>可选信息</h3>
               <table width = "400" border = "0">
                 <tr>
                         <td align = "right"> 家庭地址：</td>
                         <td><input type = "text" maxlength = "16" name =
"addresss"  /></td>
                    </tr>
                    <tr>
                         <td align = "right" width = "100" valign = "top">个
人爱好：</td>
                         <td>
                              <input type = "checkbox" />唱歌
                              <input type = "checkbox" />篮球
                              <input type = "checkbox" />阅读
                              <input type = "checkbox" />足球<br/>
```

```
                        <input type = "checkbox" />跳舞
                        <input type = "checkbox" />游戏
                        <input type = "checkbox" />乐器
                        <input type = "checkbox" />旅游
                </td>
            </tr>
            <tr>
            <td align = "right"> 个性头像:</td>
            <td><input type = "file" name = "headportrait"
 /></td>
            </tr>
            <tr>
            <td align = "right" width = "100" valign = "top">个
性签名:</td>
            <td>
                <textarea rows = " 10 "  cols = " 30 " ></
textarea>
            </td>
            </tr>
        </table>
        <br>
        <input type = "submit" value = "提交注册" />
        <input type = "reset" value = "重置信息">

        </form>
        </body>
    </html>
```

执行结果:

图 4 - 14

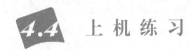

## 4.4 上机练习

■ 上机练习1：制作一个注册表单页面，效果如图4-15所示。

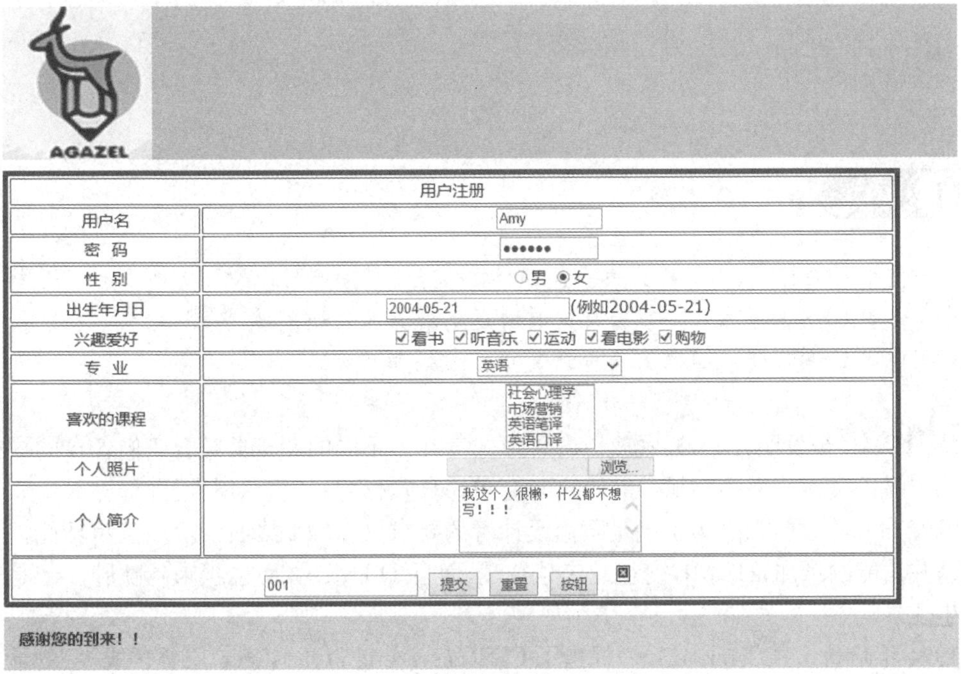

| 用户注册 | |
|---|---|
| 用户名 | Amy |
| 密 码 | ●●●●●● |
| 性 别 | ○男 ◉女 |
| 出生年月日 | 2004-05-21   (例如2004-05-21) |
| 兴趣爱好 | ☑看书 ☑听音乐 ☑运动 ☑看电影 ☑购物 |
| 专 业 | 英语 ▼ |
| 喜欢的课程 | 社会心理学<br>市场营销<br>英语笔译<br>英语口译 |
| 个人照片 | 浏览… |
| 个人简介 | 我这个人很懒，什么都不想写！！！ |
| | 001   提交  重置  按钮 |

感谢您的到来！！

图4-15

## 小 结

➤ 表单就是在HTML文档中用于获取用户输入的部件。
➤ HTML代码中的表单是<form>标记，而表单元素由很多表单子元素组成。
➤ 表单的整体设置，一般情况下只需要设置action属性及method属性。
➤ 表单子元素也称为表单控件，表单控件分别有单行文本框、密码框、多行文本框、单选按钮、复选框、下拉列表、提交按钮、重置按钮等。
➤ 用户注册在网站中是很常见的表单运用，经常需要结合表格进行布局排版。

# 层叠样式表 CSS ///////////////////////////////////////////

- 会使用行内样式、内部样式表和外部样式表三种方式为 HTML 文档添加 CSS 样式
- 会使用 CSS 的基本选择器为特定的网页元素添加 CSS 样式
- 会使用 CSS 高级选择器为网页元素添加 CSS 样式

从 HTML 被发明开始,样式就以各种形式存在。不同的浏览器结合它们各自的样式语言为用户提供页面效果的控制。最初的 HTML 只包含很少的显示属性。

随着 HTML 的成长,为了满足页面设计者的要求,HTML 添加了很多显示功能。但是随着这些功能的增加,HTML 变得越来越杂乱,而且 HTML 页面也越来越臃肿。于是 CSS 便诞生了。

1994 年哈肯·莱(Hakon Lie)提出了 CSS(cascading style sheet,层叠样式表)的最初建议。而当时伯特·波斯(Bert Bos)正在设计一个名为 Argo 的浏览器,于是他们决定一起设计 CSS。

其实当时在互联网界已经有过一些统一样式表语言的建议了,但 CSS 是第一个含有"层叠"意义的样式表语言。在 CSS 中,一个文件的样式可以从其他的样式表中继承。读者在有些地方可以使用自己更喜欢的样式,在其他地方则继承或"层叠"作者的样式。这种层叠的方式使作者和读者都可以灵活地加入自己的设计,混合每个人的爱好。

哈莱于 1994 年在芝加哥的一次会议上第一次提出了 CSS 的建议,1995 年的 WWW 网络会议上 CSS 又一次被提出,波斯演示了 Argo 浏览器支持 CSS 的例子,哈莱也展示了支持 CSS 的 Arena 浏览器。

同年,W3C 组织成立了由 CSS 的全部创作成员组成的 W3C 的工作小组,并且全力以赴负责研发 CSS 标准,层叠样式表的开发终于走上正轨。有越来越多的成员参与其中,例如微软公司的托马斯·莱尔顿(Thomas Reaxdon),他的努力最终令 Internet Explorer 浏览器支持 CSS 标准。哈莱、波斯和其他一些人是这个项目的主要技术负责人。1996 年年底,CSS 初稿已经完成,同年 12 月,层叠样式表的第一份正式标准完成,成为 W3C 的推荐标准。

1997 年年初,W3C 组织负责 CSS 的工作组开始讨论第一版中没有涉及的问题,其讨论结果组成了 1998 年 5 月出版的 CSS 规范第二版。

# 5.1 区分标记 div

div 是网页标记语言中的重要组成元素之一,网页通过 div 可以实现页面的规划和布局,使得网页的层次感更加明显。div 的全称是 division,是"区分"的意思,其主要功能是对页面内的网页元素进行区分处理,使之划分为不同的区域,并且这些区域可以进行单独的修饰处理。

和其他大多数页面标记一样,div 标记是一个对标记。div 的起始标记和结束标记之间所有的内容都是用来构成这个块元素的,这其中所包含元素的特性由 div 标记的属性来控制,或通过使用样式表格式化来进行控制。当前所有浏览器都支持 div 标记。

因为 div 元素是一个块元素,所以其中间可以包含文本、段落、表格和章节等复杂内容。页面中 div 标记的语法形式如下:

<div 相关属性>具体内容</div>

其中,"具体内容"可以是页面中任何合法的标记元素和文本。div 标记中的常用全局属性如下:

- id:定义 HTML 文件范围内的 id 唯一标识符;
- class:定义 HTML 文件范围内的 class 类标识符;
- title:定义元素的标题;
- style:定义 HTML 内联样式。

下面以具体实例演示 div 的运用,其在浏览器中显示的效果如图 5-1 所示。

**示例 5-1　Demo0501. html**

```
<!DOCTYPE HTML PUBLIC "-//W3C//DTD HTML 4.01 Transitional//EN" "http://www.w3.org/TR/html4/loose.dtd">
<html>
<head>
<meta http-equiv = "Content-Type" content = "text/html; charset = utf-8" />
<title>DIV 标记的运用</title>
</head>
<body>
    <div style = "width: 200px; height: 50px; background-color: red; text-align: right; color: white;">这是红色区域块</div>
    <div style = "width: 300px; height: 70px; background-color: green; text-align: center; color: white;">这是绿色区域块</div>
    <div style = "width: 400px; height: 90px; background-color: blue; color: white;">这是蓝色区域块</div>
```

```
          </body>
        </html>
```

执行结果：

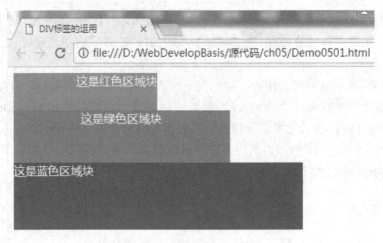

**图 5-1**

# 5.2 无结构组合标记 span

&lt;span&gt;标记用于对文档中的行内元素进行组合。&lt;span&gt;标记没有固定的格式表现。当对它应用样式时，它才会产生视觉上的变化。如果不对&lt;span&gt;应用样式，那么&lt;span&gt;元素中的文本与其他文本不会有任何视觉上的差异。&lt;span&gt;标记是一个行内元素，&lt;span&gt;的前后是不会换行的，它没有结构的意义，纯粹是应用样式。当其他行内元素都不合适时，可以使用&lt;span&gt;标记。其在浏览器中显示的效果如图 5-2 所示。

**示例 5-2　Demo0502.html**

```
  <!DOCTYPE HTML PUBLIC "-//W3C//DTD HTML 4.01 Transitional//EN" "http://www.
w3.org/TR/html4/loose.dtd">
  <html>
    <head>
      <meta http-equiv = "Content-Type" content = "text/html; charset = utf-8" />
      <title>span 标记的运用</title>
      <style type = "text/css">
        ul li{list-style-type: none;
          margin-bottom: 8px;}
        span{display: inline-block;
```

```
                    width: 52px;
                    height: 52px;
                    font-size: 10px;
                    text-align: center;
                    background-color: #ff6600;
                    color: #FFF;
                    line-height: 18px;}
            span>em{font-style: normal;
                    display: block;
                    padding-top: 7px;}
        </style>
    </head>
    <body>
            <ul>
                <li>
                        <span><em>10</em>2017-02</span>
                        <a href="#" title="智能联合发布智能无线路由器——
布局网络入口">

                        智能联合发布智能无线路由器——布局网络入口
                        </a>
                </li>
                <li>
                        <span><em>11</em>2017-02</span>
                        <a href="#" title="携手智能 助推千兆双频无线路由器">
                        携手智能 助推千兆双频无线路由器
                        </a>
                </li>
                <li>
                        <span><em>12</em>2017-02</span>
                        <a href="#" title="百兆光纤下载高清电影仅一分钟
路由器是关键">

                        百兆光纤下载高清电影仅一分钟 路由器是关键
                        </a>
                </li>
            </ul>
    </body>
</html>
```

执行结果：

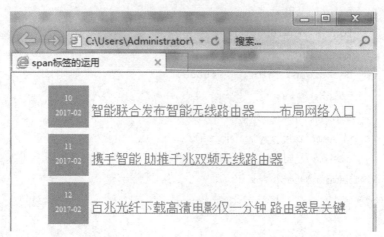

图 5-2

# 5.3　第一次接触 CSS

CSS 通常称为层叠样式表。样式，就是指网页中的内容(文字、图片)该以什么样子(大小、颜色、背景、插入位置)显示出来。层叠是指当 CSS 定义的样式发生冲突时，将依据层次的先后顺序来处理网页中的内容。

HTML 既能显示网页内容，又能控制网页样式。而 CSS 就是让网页的样式独立出来，以方便批量处理我们上面提到的样式变更问题。

现在 CSS 已经广泛用于各种网页的制作中，在 CSS 的配合下，HTML 如虎添翼，发挥出了更大的作用。

### 5.3.1　CSS 语法

在现实应用中，经常用到的 CSS 元素是选择器、属性和值。所以在 CSS 的应用语法中其应用格式也主要涉及上述 3 种元素。CSS 的语法形式如下：

```
<style type = "text/css">
        规则选择器{属性: 值;}
</style>
```

其中，CSS 规则选择器的种类有多种，并且命名机制也不相同。下面通过一个具体实例，演示 CSS 在页面中的应用方法。其在浏览器中显示的效果如图 5-3 所示。

**示例 5-3　Demo0503. html**

```
<!DOCTYPE HTML PUBLIC "-//W3C//DTD HTML 4.01 Transitional//EN" "http://www.w3.org/TR/html4/loose.dtd">
```

```
<html>
  <head>
    <meta http-equiv = "Content-Type" content = "text/html; charset = utf-8" />
    <title>CSS语法</title>
    <style type = "text/css">
        * {margin: 0; padding: 0; border: 0;
        font-family:"微软雅黑";}
        .content{width: 400px; height: 200px;
            margin: 0 auto; background-color: #EEE;}
        h1{text-align: center; font-family:"华文琥珀";color: red;}
        p{text-indent: 32px;}
    </style>
  </head>
  <body>
      <div class = "content">
          <h1>学院信息</h1>
          <p>学院是一家技术型高端 IT 人才教育学院。著名国际厂商为学员
提供知识与技能、认证与学历的提升与保障。提供基O2O模式的线上线下全周期的教育
服务运营模式。某大型网络公司作为战略合作伙伴,整合其强大的云平台计算和大数据
资源,为规划学员的职业发展路径提供可视化学习、分析和指导保障。</p>
      </div>
  </body>
</html>
```

执行结果:

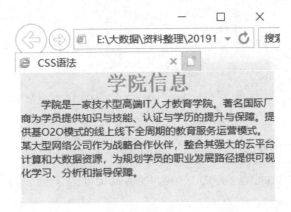

图 5-3

说明：在使用 CSS 时应该遵循如下 3 个原则：(1)当有多个属性时,属性之间必须用";"隔开;(2)设置的属性必须被包含在"{ }"中;(3)如果一个属性有多个值,必须用空格将它们隔开。

### 5.3.2 规则选择器

规则选择器即某页面样式的名字,是 CSS 中的最重要元素之一。通过选择符可以灵活地对页面样式进行命名处理,选择符可以使用如下几类字符：
- 大小写的英文字母：A~Z, a~z;
- 数字：如 0~9;
- 连字号-;
- 下划线_。

现实中常用的 CSS 选择器分别有 id 选择器、class 选择器、标记(元素)选择器、相邻兄弟选择器、子元素选择器、后代选择器、分组选择器、通配选择器、属性选择器等。在下面内容中,我们将对上述各类选择器进行逐一的详细介绍。

注意：CSS 规则选择器不能以数字或一个连字号后跟数字为开头。

#### 1. id 选择器

id 选择器是根据 DOM 文档对象模型原理所出现的选择符。在标记文件中,其中的每一个标记都可以使用 id=""的形式进行一个名称指派。在 div+css 布局的网页中,可以针对不同的用途进行随意命名。id 选择器具体使用的语法形式如下：

```
<style type="text/css">
    #main{…}
</style>
<body>
    <div id="main"></div>
</body>
```

下面通过一个具体实例,演示 id 选择器的应用方法。其在浏览器中显示的效果如图 5-4 所示。

**示例 5-4  Demo0504.html**

```
<!DOCTYPE HTML PUBLIC "-//W3C//DTD HTML 4.01 Transitional//EN" "http://www.
w3.org/TR/html4/loose.dtd">
<html>
  <head>
    <meta http-equiv="Content-Type" content="text/html; charset=utf-8" />
```

```
        <title>ID 选择器</title>
        <style type = "text/css">
            # top{font-family:"楷体"; color: # 00F; font-size: 20px; font-
weight: bold;}
        </style>
    </head>
    <body>
        <div id = "top">这是第一个 DIV 标签的区域</div>
        <div>这是第二个 DIV 标签的区域</div>
    </body>
  </html>
```

执行结果：

图 5-4

2. class 选择器

从本质上讲，前面介绍的 id 选择器是对 XHTML 标记的扩展。而 class 选择器的功能和 id 选择器类似，class 是对 XHTML 多个标记的一种组合。class 选择器可以在 XHTML 页面中使用 class=""进行样式名称指派。与 id 相区别的是，class 可以重复使用，页面中多个样式的相同元素可以直接定义为一个 class。class 选择器具体使用的语法形式如下：

```
<style type = "text/css">
    .main{…}
</style>
<body>
    <div class = "main"></div>
</body>
```

下面通过一个具体实例，演示 class 选择器的应用方法。其在浏览器中显示的效果如图 5-5 所示。

**示例 5-5　Demo0505. html**

```
<!DOCTYPE HTML PUBLIC "-//W3C//DTD HTML 4.01 Transitional//EN" "http://www.
w3.org/TR/html4/loose.dtd">
<html>
```

```
<head>
  <meta http-equiv = "Content-Type" content = "text/html; charset = utf-8" />
  <title>class 选择器</title>
  <style type = "text/css">
        .special{background-color: #F96; color: #FFF; padding: 0 5px;
        font-size: 14px; font-weight: normal;}
  </style>
</head>
<body>
      <p>重庆<span class = "special">软件学院</span>是一家技术型高
端IT人才教育学院。平台联合<strong class = "special">著名国际厂商</strong>
为学员提供知识与技能、认证与学历的提升与保障。提供基O2O模式的线上线下全周期
的教育服务运营模式。某大型网络公司作为<span class = "special">战略合作伙伴
</span>,整合其强大的云平台计算和大数据资源,为规划学员的职业发展路径提供可
视化学习、分析和指导保障。</p>
  </body>
</html>
```

执行结果:

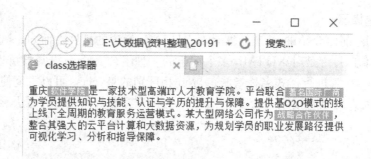

图5-5

3. 标记(元素)选择器

标记(元素)选择器是指以网页中已有的标记作为名称的选择器。例如,将 body、div、
p、span 等网页标记作为选择器名称。其具体使用的语法形式如下:

```
<style type = "text/css">
    div{ … }
</style>
<body>
    <div></div>
</body>
```

下面通过一个具体实例,演示标记(元素)选择器的应用方法。其在浏览器中显示的效果如图 5-6 所示。

**示例 5-6 Demo0506. html**

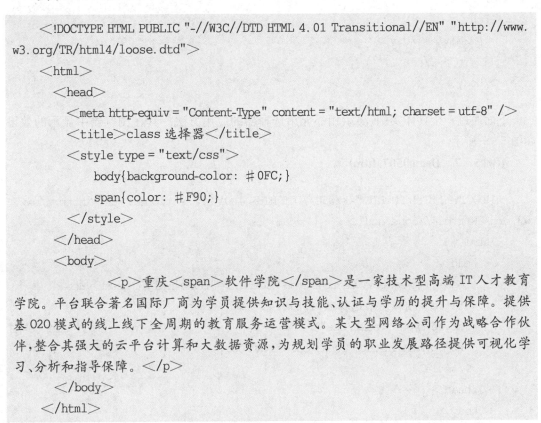

```html
<!DOCTYPE HTML PUBLIC "-//W3C//DTD HTML 4.01 Transitional//EN" "http://www.w3.org/TR/html4/loose.dtd">
<html>
  <head>
    <meta http-equiv = "Content-Type" content = "text/html; charset = utf-8" />
    <title>class 选择器</title>
    <style type = "text/css">
        body{background-color: #0FC;}
        span{color: #F90;}
    </style>
  </head>
  <body>
        <p>重庆<span>软件学院</span>是一家技术型高端 IT 人才教育
学院。平台联合著名国际厂商为学员提供知识与技能、认证与学历的提升与保障。提供
基 O2O 模式的线上线下全周期的教育服务运营模式。某大型网络公司作为战略合作伙
伴,整合其强大的云平台计算和大数据资源,为规划学员的职业发展路径提供可视化学
习、分析和指导保障。</p>
  </body>
</html>
```

执行结果:

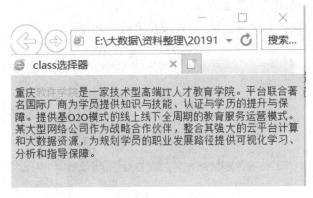

图 5-6

**4. 相邻兄弟选择器**

相邻兄弟选择器可选择紧接在另一元素后的元素,且二者有相同父元素。其具体使用的语法形式如下:

```
<style type = "text/css">
    div + p{ … }
</style>
<body>
    <div></div>
    <p></p>
</body>
```

下面通过一个具体实例,演示相邻兄弟选择器的应用方法。其在浏览器中显示的效果如图 5-7 所示。

**示例 5-7　Demo0507. html**

```
<!DOCTYPE HTML PUBLIC "-//W3C//DTD HTML 4.01 Transitional//EN" "http://www.
w3.org/TR/html4/loose.dtd">
<html>
  <head>
    <meta http-equiv = "Content-Type" content = "text/html; charset = utf-8" />
    <title>相邻兄弟选择器</title>
    <style type = "text/css">
      h2 + p{margin-top: 30px; color: #F00;}
    </style>
  </head>
  <body>
      <h2>软件学院</h2>
        <p>一家技术型高端 IT 人才教育</p>
        <p>联合川渝著名高校教育资源</p>
        <p>提供知识与技能、认证与学历的提升与保障</p>
  </body>
</html>
```

执行结果:

图 5-7

5. 子元素选择器

子元素选择器只能选择作为某元素子元素的元素。子元素选择器具体使用的语法形式如下：

```
<style type = "text/css">
    div>p{…}
</style>
<body>
    <div><p></p></div>
</body>
```

下面通过一个具体实例，演示子元素选择器的应用方法。其在浏览器中显示的效果如图 5-8 所示。

**示例 5-8　Demo0508. html**

```
<!DOCTYPE HTML PUBLIC "-//W3C//DTD HTML 4.01 Transitional//EN" "http://www.w3.org/TR/html4/loose.dtd">
<html>
  <head>
    <meta http-equiv = "Content-Type" content = "text/html; charset = utf-8" />
    <title>子元素选择器</title>
    <style type = "text/css">
      h2>strong{color: #F90; font-family:"华文琥珀";}
    </style>
  </head>
  <body>
    <h2>关于<strong>我们</strong></h2>
    <h2>学校<em>软件<strong>专业</strong></em>信息</h2>
  </body>
</html>
```

执行结果：

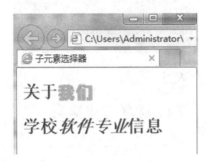

图 5-8

6. 后代选择器

后代选择器又称为包含选择器。后代选择器可以选择作为某元素后代的元素。后代选择器具体使用的语法形式如下：

```
<style type = "text/css">
    div span{…}
</style>
<body>
    <div><p><span></span></p></div>
</body>
```

下面通过一个具体实例,演示后代选择器的应用方法。其在浏览器中显示的效果如图 5-9 所示。

**示例 5-9　Demo0509.html**

```
<!DOCTYPE HTML PUBLIC "-//W3C//DTD HTML 4.01 Transitional//EN" "http://www.
w3.org/TR/html4/loose.dtd">
<html>
  <head>
    <meta http-equiv = "Content-Type" content = "text/html; charset = utf-8" />
    <title>后代选择器</title>
    <style type = "text/css">
      h2 strong{color: #F90; font-family:"华文琥珀";}
    </style>
  </head>
  <body>
      <h2>关于<strong>我们</strong></h2>
      <h2>学校<em>软件<strong>专业</strong></em>信息</h2>
  </body>
</html>
```

执行结果：

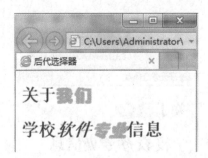

图 5-9

**7. 分组选择器**

分组选择器可以将任意多个选择器分组在一起。分组选择器具体使用的语法形式如下：

```
<style type = "text/css">
    div, p{…}
</style>
<body>
    <div></div>
    <p></p>
</body>
```

下面通过一个具体实例，演示分组选择器的应用方法。其在浏览器中显示的效果如图 5-10 所示。

**示例 5-10    Demo0510. html**

```
<!DOCTYPE HTML PUBLIC "-//W3C//DTD HTML 4.01 Transitional//EN" "http://www.
w3.org/TR/html4/loose.dtd">
<html>
  <head>
    <meta http-equiv = "Content-Type" content = "text/html; charset = utf-8" />
    <title>分组选择器</title>
    <style type = "text/css">
      h2, div{color: #F90; text-align: center;}
    </style>
  </head>
  <body>
      <h2>关于我们</h2>
      <div>高端 IT 技术型人才教育</div>
        <p>联合川渝著名高校教育资源...</p>
  </body>
</html>
```

执行结果：

图 5-10

8. 通配选择器

通配选择器的书写格式是 * ,功能是表示页面内所有元素的样式。通配选择器具体使用的语法形式如下：

```
<style type = "text/css">
    * { … }
</style>
<body>
    <div></div>
</body>
```

下面通过一个具体实例，演示通配选择器的应用方法。其在浏览器中显示的效果如图5-11 所示。

**示例 5-11  Demo0511. html**

```
<!DOCTYPE HTML PUBLIC "-//W3C//DTD HTML 4.01 Transitional//EN" "http://www.
w3.org/TR/html4/loose.dtd">
<html>
  <head>
    <meta http-equiv = "Content-Type" content = "text/html; charset = utf-8" />
    <title>通配选择器</title>
    <style type = "text/css">
      * {font-family:"楷体";color: #F00;}
    </style>
  </head>
  <body>
      <h2>关于我们</h2>
        <div>高端 IT 技术型人才教育</div>
        <p>联合川渝著名高校教育资源...</p>
  </body>
</html>
```

执行结果：

图 5-11

### 9. 其他选择器

CSS 除了前面学习的规则选择器以外,还有一些其他类型的规则选择器,如属性选择器、伪类选择器、伪元素选择器。它们的作用分别如表 5-1、表 5-2 和表 5-3 所示。

表 5-1

| 选择器 | 示例 | 功能 |
| --- | --- | --- |
| [attribute] | [target] | 选择所有带有 target 属性的元素 |
| [attribute＝value] | [target＝_blank] | 选择所有使用 target="_blank"的元素 |
| [attribute～＝value] | [titl～＝school] | 选择标题属性包含单词"school"的所有元素 |

表 5-2

| 选择器 | 示例 | 功能 |
| --- | --- | --- |
| ：link | a：link | 选择所有未访问链接 |
| ：hover | a：hover | 选择鼠标在链接上面时 |
| ：active | a：active | 选择活动链接 |
| ：visited | a：visited | 选择所有访问过的链接 |
| ：focus | input：focus | 选择具有焦点的输入元素 |
| ：first-child | div：first-child | 指定只有当<div>元素是其父级的第一个子元素 |

表 5-3

| 选择器 | 示例 | 功能 |
| --- | --- | --- |
| ：after | div：after | 在每个<div>元素之后插入内容 |
| ：before | div：before | 在每个<div>元素之前插入内容 |
| ：first-letter | div：first-letter | 选择每一个<div>元素的第一个字母 |
| ：first-line | div：first-line | 选择每一个<div>元素的第一行 |

### 5.3.3 CSS 编码规范

CSS 的编码规范是指在书写 CSS 代码时所必须遵循的格式。按照标准格式书写的 CSS 代码不但便于开发人员的阅读,而且有利于程序的维护和调试。下面将对 CSS 样式的书写规范的基本知识进行简要介绍。

#### 1. 书写规范

（1）书写顺序

在使用 CSS 时,最好将 CSS 文件单独书写并保存为独立文件,而不是把其书写在 HTML 页面中。这样做的好处是便于 CSS 样式的统一管理以及代码的维护。

（2）书写方式

在 CSS 中,虽然在不违反语法格式的前提下使用任何的书写方式都能正确执行,但还是建议开发人员在书写每一个属性时,使用换行和缩进来书写。这样做的好处是使编写的程序一目了然,便于程序的后续维护。

2. 命名规范

命名规范是指 CSS 元素在命名时所要遵循的规则。在网页设计过程中,需要定义大量的选择符来实现页面表现。如果没有好的命名规范,会导致页面的混乱或名称的重复,从而造成额外的麻烦。所以,CSS 在命名时应遵循一定的规范,使页面结构达到最优化。

在 CSS 开发中,通常使用的命名方式是结构化命名方法。它是相对于传统的表现效果命名方式来说的。例如,当文字颜色为红色时,使用 red 来命名;当某页面元素位于页面中间时,使用 center 来命名。这种传统的方式表面看来比较直观和方便,但是不能达到标准布局所要求的页面结构和效果相分离的要求。所以,结构化命名方式便结合了表现效果的命名方式,实现样式命名。常用页面元素的命名方法如表 5-4 所示。

表 5-4

| 页面元素 | 名称 | 页面元素 | 名称 |
|---|---|---|---|
| 主导航 | mainnav | 右侧栏 | rightsidebar |
| 子导航 | subnav | 标志 | logo |
| 页脚 | foot | 标语 | banner |
| 内容 | content | 子菜单 | submenu |
| 头部 | header | 注释 | note |
| 底部 | footer | 容器 | container |
| 商标 | label | 搜索 | search |
| 标题 | title | 登录 | login |
| 顶部导航 | topnav | 管理 | admin |
| 侧栏 | sidebar | 左侧栏 | leftsidebar |

 **5.4** CSS 颜色、长度单位及百分比值

颜色在 CSS 中处在一个十分重要的地位,页面元素通过颜色的设置,可以实现页面美观的表现效果。在 CSS 中常用的长度单位有绝对长度单位和相对长度单位两种。百分比值是网页设计中常用的数值之一。

### 5.4.1 使用名称定义颜色

颜色名称定义是指使用颜色的名称来设置页面元素的颜色值。例如,设置为蓝色可以使用"blue"来实现。因为只有一定数量的颜色名称才能被浏览器识别,所以颜色名称定义的方法只能实现比较简单的颜色效果。在浏览器中能够识别的颜色名称如表 5-5 所示。

表 5-5

| 颜色名称 | 中文含义 | 颜色名称 | 中文含义 |
|---|---|---|---|
| lightpink | 浅粉红 | brown | 茶色 |
| red | 红色 | mauve | 紫红 |
| pink | 粉红 | lavender | 淡紫色 |
| blue | 蓝色 | buff | 浅黄色 |
| green | 绿色 | cherry | 樱桃红 |
| yellow | 黄色 | hazel | 赤褐色 |
| black | 黑色 | gray | 灰色 |
| white | 白色 | purple | 紫色 |

下面通过一个具体实例,演示颜色名称取值的应用方法。其在浏览器中显示的效果如图 5-12 所示。

**示例 5-12　Demo0512. html**

```
<!DOCTYPE HTML PUBLIC "-//W3C//DTD HTML 4.01 Transitional//EN" "http://www.
w3.org/TR/html4/loose.dtd">
<html>
  <head>
    <meta http-equiv = "Content-Type" content = "text/html; charset = utf-8" />
    <title>颜色名称取值</title>
    <style type = "text/css">
        body{background-color: lavender; }
    </style>
  </head>
  <body>
    <h2>关于我们</h2>
    <div>高端 IT 技术型人才教育</div>
    <p>联合川渝著名高校教育资源...</p>
  </body>
</html>
```

执行结果:

图 5-12

### 5.4.2 使用十六进制定义颜色

十六进制定义是指使用颜色的十六进制数值来定义颜色样式值。任何的显示颜色都可以使用对应的十六进制数值来表示。使用十六进制定义方法后，能够在页面中定义更加复杂的颜色。其在浏览器中显示的效果如图 5 - 13 所示。

**示例 5 - 13 Demo0513.html**

```html
<!DOCTYPE HTML PUBLIC "-//W3C//DTD HTML 4.01 Transitional//EN" "http://www.w3.org/TR/html4/loose.dtd">
<html>
  <head>
    <meta http-equiv = "Content-Type" content = "text/html; charset = utf-8" />
    <title>十六进制取值</title>
    <style type = "text/css">
      h2{color: #FF0000;}
      div{color: #00FF00;}
      p{color: #0000FF;}
    </style>
  </head>
  <body>
    <h2>关于我们</h2>
      <div>高端 IT 技术型人才教育</div>
      <p>联合川渝著名高校教育资源...</p>
  </body>
</html>
```

执行结果：

图 5 - 13

### 5.4.3 绝对与相对长度

绝对长度即某元素的实际长度值,现实中常用的绝对长度单位如表 5-6 所示。

表 5-6

| 名称 | 中文含义 | 名称 | 中文含义 |
|---|---|---|---|
| mm | 毫米 | in | 英寸 |
| cm | 厘米 | pt | 磅 |
| m | 米 | pc | 派卡 |

相对长度即某元素的相对长度值,网页设计中最为常用的相对长度单位如下。

1. 字体大小:em

em 通常用来定义文本中 font-size(字体大小)的值。例如,在页面中对某文本定义的文字大小为 13pt,那么对于这个文本元素来说,1 em 就是 1 pt。也就是说,em 的实际大小是受字体尺寸影响的。

2. 字体大小:rem

rem 和 em 类似,功能是定义文本的字体大小。和 em 不同,rem 与根元素的字号挂钩。

3. 像素:px

像素 px 是网页设计中最为常用的长度单位。通常显示器的界面被划分为多个单元格,其中的每个单元格就是一个像素。也就是说,像素 px 的具体大小是和屏幕分辨率有关的。

### 5.4.4 百分比值

百分比值是设置页面某元素相对于另一元素的大小。其在浏览器中显示的效果如图 5-14 所示。

**示例 5-14 Demo0514. html**

```
<!DOCTYPE HTML PUBLIC "-//W3C//DTD HTML 4.01 Transitional//EN" "http://www.
w3.org/TR/html4/loose.dtd">
<html>
  <head>
    <meta http-equiv = "Content-Type" content = "text/html; charset = utf-8" />
    <title>百分比取值</title>
    <style type = "text/css">
      #container{width: 1000px; height: 600px; background-color: #EEE;}
      .header{width: 50%;height: 20%;background-color: #F00;}
      .content{width: 70%;height: 65%;background-color: #0F0;}
      .footer{width: 90%;height: 15%;background-color: #00F;}
    </style>
  </head>
```

```
<body>
    <div id = "container">
        <div class = "header"></div>
            <div class = "content"></div>
                <div class = "footer"></div>
        </div>
    </body>
</html>
```

执行结果：

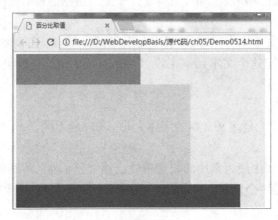

图 5 - 14

    CSS 的调用方式

在网页设计过程中，需要调用 CSS 的修饰来实现页面的指定显示。下面将介绍网页调用 CSS 的方式。在现实的应用中，通常 CSS 的调用方式基本可以分为 4 种。

1. 行内样式

通过标记的通用属性 style 直接写在需要应用样式的标记中。例如，<p style="color: red">显示红色文字</p>。

2. 内部样式表

通过<style></style>标记嵌入在 HTML 文件的头部。例如，<style type="text/css"> p{color: red;} </style>。

3. 链接外部样式表

样式表以外部文件的形式存在，扩展名为. css。<head></head>在标记之间使用<link/>标记将样式表文件链接到 HTML 文件中。例如，<link type="text/css" rel="stylesheet" href="mycss. css" />。

**4. 导入外部样式表**

使用@import 导入外部的样式表文件,它可以写在<style>标记内或外部样式表中。例如,<style type="text/css">@import url(mycss. css)</style>。

在实际的应用中,本着表现与内容分离的原则,推荐使用外链接样式表。其优点如下:

- 独立于 HTML 文件,便于修改;
- 多个 HTML 文件可以引用同一个样式表文件,从而保持页面外观的一致性;
- 样式表文本只需下载一次,就可以让其他链接在该文件的页面内使用;
- 浏览器会先显示 HTML 内容,然后再根据样式表文件进行渲染,从而使访问者可以更快地看到内容。

**提示:** 不过相对于特殊情况,也要灵活使用各种 CSS 引入方式。

下面通过一个具体实例,演示外链接样式表的运用方式。其在浏览器中显示的效果如图 5-15 所示。

**示例 5-15　Demo0515. html**

```
<!DOCTYPE HTML PUBLIC "-//W3C//DTD HTML 4.01 Transitional//EN" "http://www.
w3.org/TR/html4/loose.dtd">
<html>
  <head>
    <meta http-equiv = "Content-Type" content = "text/html; charset = utf-8" />
    <title>外链接样式表</title>
    <link type = "text/css"  rel = "stylesheet" href = "CSS/MyStyle.css" />
  </head>
  <body>
      <ul>
          <li>
              <span><em>10</em>2017-02</span>
              <a href = "#" title = "智能联合发布智能无线路由器——
布局网络入口">
                  智能联合发布智能无线路由器——布局网络入口
              </a>
          </li>
          <li>
              <span><em>11</em>2017-02</span>
              <a href = "#" title = "携手智能 助推千兆双频无线路由器">
              携手智能 助推千兆双频无线路由器
              </a>
          </li>
          <li>
```

```
                    <span><em>12</em>2017-02</span>
                    <a href="#" title="百兆光纤下载高清电影仅一分钟
路由器是关键">

                    百兆光纤下载高清电影仅一分钟 路由器是关键
                    </a>
                </li>
            </ul>
    </body>
</html>
```

MyStyle. css 文件

```
ul li{list-style-type: none;
    margin-bottom: 8px;}
span{display: inline-block;
    width: 52px;
    height: 52px;
    font-size: 10px;
    text-align: center;
    background-color: #ff6600;
    color: #FFF;
    line-height: 18px;}
span>em{font-style: normal;
    display: block;
    padding-top: 7px;}
```

执行结果：

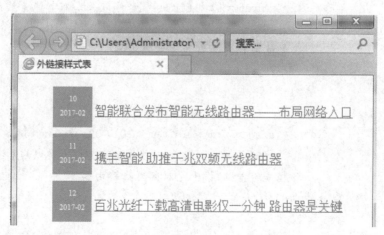

图 5-15

## 5.6　上机练习

- 上机练习 1：制作丝绸之路简介，效果如图 5-16 所示。
- ◆ 需求说明
  - 标题使用 <h2> 标记，使用外部引入 CSS 样式的方式为网页设置样式。
  - 标题使用标记选择器，设置的字体颜色为♯003580。
  - p 段落的文字，字体大小为 14px，颜色为♯000033。
  - 使用类选择器设置 p 段落文字中的不同颜色值。
  - 使用类选择器设置第一张图片的宽度为 334px，高度为 195px；使用类选择器设置最后一张图片的宽度为 200px，高度为 130px。

**丝绸之路**

陆上丝绸之路起源于西汉（前202年—8年），汉武帝派张骞出使西域开辟的以首都长安（今西安）为起点，经甘肃、新疆，到中亚，并连接地中海各国的陆上通道，它的最初作用是运输中国古代出产的丝绸 1877年，德国地质地理学家李希霍芬在其著作《中国》一书中，把从公元前114年至公元127年间，中国与中亚、中国与印度间以丝绸贸易为媒介的这条西域交通道路命名为"丝绸之路"，这一名词很快被学术界和大众所接受，并正式运用

**"高质量"逆差与"低质量"顺差——你所不知道的古代丝路外贸**

图 5-16

- 上机练习 2：制作开心餐厅页面，效果如图 5-17 所示。
- ◆ 需求说明
  - 使用外部引入 CSS 样式的方式完成页面样式的设置。
  - 所有段落标记中的文本字体大小为 14px。

- 使用类选择器设置第一个 h2 元素的字体大小为 16px,颜色为红色,其余 h2 为蓝色。
- 第一张图片设置宽度为 887px,高度为 439px。

图 5-17

上机练习 3:制作菜单列表,效果如图 5-18 所示。

◆ 需求说明

- 使用无序列表来布局。
- 菜单用标题标记。
- 文字描述使用 p 元素。
- 使用结构伪类选择器选择 li 下第一个 p 元素,设置字体大小为 17px,字体颜色为 ♯640000。
- 使用结构伪类选择器选择 li 下 i 元素,设置字体大小为 15px,字体颜色为 ♯06F。

菜单

**菜单**

鱼香肉丝 *18元*

宫保鸡丁 *23元*

青椒肉丝 *18元*

土豆肉丝 *20元*

平菇肉丝 *21元*

图 5-18

# 小　结

> div 标记其主要功能是对页面内的网页元素进行区分处理,使之划分为不同的区域,并且这些区域可以进行单独的修饰处理。

> span 标记的前后是不会换行的,它没有结构的意义,纯粹是应用样式。当其他行内元素都不合适时,可以使用<span>标记。

> CSS 元素由选择器、属性和值组成。

> CSS 规则选择器分别有 id 选择器、class 选择器、标记(元素)选择器、相邻兄弟选择器、子元素选择器、后代选择器等。

> CSS 中颜色可以是英文颜色名称或十六进制。

> CSS 的调用方式分为内联样式表、嵌入式样式表、外链接样式表和导入式样式表 4 种调用方式。最常用的是外链接样式表。

# CSS 盒模型 //////////////////////////////////////

## 项目 重点

- ◆ 理解盒模型及其构成
- ◆ 掌握外边界、内边距、边框的属性
- ◆ 会计算盒模型尺寸
- ◆ 会使用盒模型来布局网页

　　盒模型是 CSS 技术中的重要元素之一,通过盒模型属性可以实现对页面元素的准确定位。在本项目内容中,将简要介绍 CSS 盒模型属性的基本知识,并通过实例来介绍其具体使用流程。本项目内容主要为 CSS 盒模型的介绍、CSS 盒模型属性、距离设定和负边界。

## 6.1 盒模型简介

　　CSS 中的所有文档元素都会生成一个由边界、边框、间距等元素组成的矩形框,这个矩形框就是盒模型。如果想熟练掌握 DIV 和 CSS 的布局方法,首先要对盒模型有足够的了解。每个 HTML 元素都可以看作一个装了东西的盒子,盒模型主要定义 4 个区域:

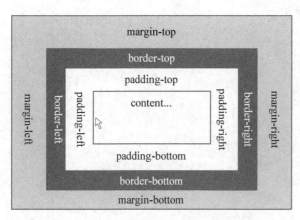

图 6-1

- content(盒子里面的内容);
- padding(内容到盒子的边框之间的距离);
- border(盒子本身有边框);
- margin(而盒子边框外和其他盒子之间还有边界)。

　　如图 6-1 所示。

## *6.2* 内　容

内容只能出现在盒模型中具有高度和宽度的部分。盒模型的其他部分不能包含任何内容元素。

盒模型的内容所遵循的原则如下：当盒模型内的内容大于容器空间时，内容的显示顺序是从左到右；当内容超过定义的容器宽度时，将自动换行显示。其在浏览器中显示的效果如图 6-1 所示。

**示例 6-1　Demo0601. html**

```
<!DOCTYPE HTML PUBLIC "-//W3C//DTD HTML 4.01 Transitional//EN" "http://www.
w3.org/TR/html4/loose.dtd">
<html>
  <head>
    <meta http-equiv = "Content-Type" content = "text/html; charset = utf-8" />
    <title>盒模型的内容</title>
    <style type = "text/css">
      .content{width: 500px;
          height: 150px;
          background-color: #DDD;}
      p{text-indent: 32px;}
    </style>
  </head>
  <body>
    <div class = "content">
      <h1>关于学院</h1>
        <p>软件学院是一家技术型高端 IT 人才教育学院。平台联合著名国际
厂商为学员提供知识与技能、认证与学历的提升与保障。提供基 O2O 模式的线上线下全
周期的教育服务运营模式。某大型网络公司作为战略合作伙伴,整合其强大的云平台计
算和大数据资源,为规划学员的职业发展路径提供可视化学习、分析和指导保障。</p>
      </div>
    </body>
  </html>
```

执行结果：

图 6-2

盒模型中的背景包括元素本身的背景和其父元素的背景。

（1）元素本身的背景：元素本身的背景是指在盒模型边框以内的背景，即内容部分和补白区域。

（2）父元素的背景：如果在子元素内没有定义背景颜色或背景图片，则子元素的内容部分会显示其父元素的背景，子元素的边框将覆盖父元素的背景，子元素的边界将显示父元素的背景。

## 6.3　定义外边界属性

CSS 中的盒模型的外边界包括边界属性、单侧边界属性等。接下来将对实际中常用的边界属性通过具体实例的实现来讲解其使用方法。外边距属性设置方法如表 6-1 所示。

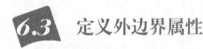

表 6-1

| 属性 | 说明 | 例子 |
| --- | --- | --- |
| margin-top | 设置上外边距 | margin-top: 1px; |
| margin-right | 设置右外边距 | margin-right: 2px; |
| margin-bottom | 设置下外边距 | margin-bottom: 3px; |
| margin-left | 设置左外边距 | margin-left: 4px; |
| margin | 上、右、下、左外边距分别是 1px、2px、3px、4px | margin: 1px 2px 3px 4px |
|  | 上、下外边距是 3px 左、右外边距是 5px | margin: 3px 5px |
|  | 上外边距是 1px 左、右外边距是 2px 下外边距是 3px | margin: 1px 2px 3px |
|  | 上、右、下、左外边距是 10px | margin: 10px |

### 6.3.1　外边界属性

外边界属性 margin 的功能是设置页面元素的边界大小，取值可以为正整数或负整数。

margin 是一个不可继承的属性。其在浏览器中显示的效果如图 6 - 3 所示。

**示例 6 - 2　Demo0602. html**

```
<!DOCTYPE HTML PUBLIC "-//W3C//DTD HTML 4.01 Transitional//EN" "http://www.
w3.org/TR/html4/loose.dtd">
<html>
  <head>
    <meta http-equiv = "Content-Type" content = "text/html; charset = utf-8" />
    <title>边界属性</title>
    <style type = "text/css">
      .container{width: 500px;
          height: 200px;
          background-color: #DDD;
          margin: auto;/* 将当前容器水平居中显示 */}
      img{width: 100px;
      height: 100px;
      border: 1px #000 solid;
      margin: 30px;/* 设置当前元素四周边界 */}
    </style>
  </head>
  <body>
    <div class = "container">
      <img src = "Images/png-1551.png" />
        <img src = "Images/png-1552.png" />
        <img src = "Images/png-1553.png" />
    </div>
  </body>
</html>
```

执行结果：

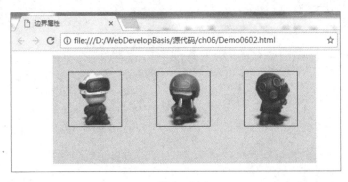

图 6 - 3

### 6.3.2　单侧外边界属性

单侧外边界属性是指只对页面元素的某一侧外边界样式进行设置。CSS 中的单侧外边界属性分为 4 个,分别为:margin-top(左边界)、margin-bottom(下边界)、margin-left(左边界)、margin-right(右边界)。其在浏览器中显示的效果如图 6-4 所示。

**示例 6 - 3　Demo0603. html**

```html
<!DOCTYPE HTML PUBLIC "-//W3C//DTD HTML 4.01 Transitional//EN" "http://www.w3.org/TR/html4/loose.dtd">
<html>
  <head>
    <meta http-equiv = "Content-Type" content = "text/html; charset = utf-8" />
    <title>单侧边界属性</title>
    <style type = "text/css">
      .container{width: 500px;
          height: 200px;
          background-color: #DDD;
          margin: auto;}
      img{width: 100px;
      height: 100px;
      border: 1px #000 solid;}
      .pic1{margin-left: 20px;/*设置左边界为20像素*/}
      .pic2{margin-right: 30px;/*设置右边界为30像素*/}
    </style>
  </head>
  <body>
    <div class = "container">
        <img class = "pic1" src = "Images/png-1551.png" />
          <img class = "pic2" src = "Images/png-1552.png" />
          <img src = "Images/png-1553.png" />
        </div>
  </body>
</html>
```

执行结果：

图6-4

同样也可以使用margin同时设置4个单侧属性，设置顺序为上、右、下、左的形式，每侧之间以空格分隔。其在浏览器中显示的效果如图6-5所示。

**示例6-4　Demo0604.html**

```
<!DOCTYPE HTML PUBLIC "-//W3C//DTD HTML 4.01 Transitional//EN" "http://www.
w3.org/TR/html4/loose.dtd">
<html>
  <head>
    <meta http-equiv = "Content-Type" content = "text/html; charset = utf-8" />
    <title>margin边界属性</title>
    <style type = "text/css">
      .container{width: 500px;
          height: 200px;
          background-color: #DDD;
          margin: auto;}
      img{width: 100px;
      height: 100px;
      border: 1px #000 solid;}
      .pic1{margin: 0 20px 0 30px;/*设置右边界为20像素,左边界为30像
素*/}
    </style>
  </head>
  <body>
    <div class = "container">
        <img  src = "Images/png-1551.png" />
          <img class = "pic1" src = "Images/png-1552.png" />
```

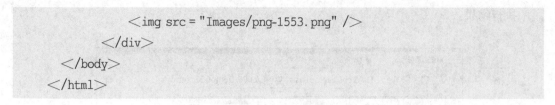

执行结果:

图 6-5

##  定义边框属性

CSS 中的边框属性包括样式属性、宽度属性和颜色属性等。下面将对现实中最为常用的边框属性以具体的实例来讲解其使用方式。

### 6.4.1 边框样式属性

边框样式属性 border-style 的作用是设置页面边框的显示样式。border-style 是一个不可继承的属性。同样地,border-style 也同时设置 4 个单侧边框样式属性,设置顺序为上、右、下、左的形式,每侧之间以空格分隔,其边框样式属性如表 6-2 所示。

表6-2

| 属性 | 作用 |
| --- | --- |
| border-style | 边框线型 |
| border-top-style | 上边框线型 |
| border-right-style | 右边框线型 |
| border-bottom-style | 下边框线型 |
| border-left-style | 左边框线型 |

边框样式的取值方式如表 6-3 所示。

表6-3

| 属性值 | 作用 |
| --- | --- |
| none | 设置为无边框样式(默认值) |
| dotted | 设置为小点虚线样式 |
| dashed | 设置为大点虚线样式 |
| solid | 设置为实线样式 |
| double | 设置为双直线样式 |
| groove | 设置为3D凹线样式 |
| ridge | 设置为3D凸线样式 |
| inset | 设置为3D陷入线样式 |
| outset | 设置为3D突出线样式 |

下面通过具体实例,演示边框样式的运用。其在浏览器中显示的效果如图6-6所示。

**示例6-5　Demo0605. html**

```
<!DOCTYPE HTML PUBLIC "-//W3C//DTD HTML 4.01 Transitional//EN" "http://www.
w3.org/TR/html4/loose.dtd">
<html>
  <head>
    <meta http-equiv = "Content-Type" content = "text/html; charset = utf-8" />
    <title>边框样式设置</title>
    <style type = "text/css">
      div{width: 350px;
          height: 100px;
          margin-bottom: 20px;
          text-align: center;
          line-height: 100px;}
      .one{background-color: #F69;
          border-top-style: double;/*设置上边框样式为双直线*/
          border-bottom-style: dotted;/*设置下边框样式为小点虚线*/}
      .two{background-color: #0CF;
          border-style: dashed dotted dashed dotted;/*设置上下边框样式为大
点虚线,左右边框样式为小点虚线*/}
    </style>
  </head>
  <body>
    <div class = "one">分别单独设置上、下边框样式</div>
```

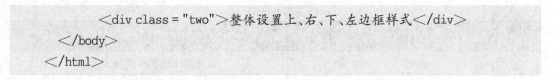

执行结果:

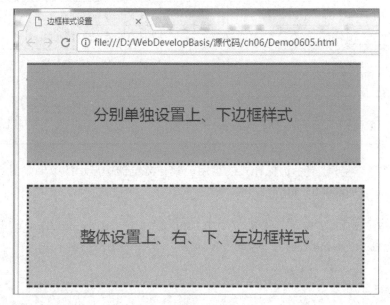

图6-6

### 6.4.2 边框宽度属性

边框宽度属性 border-width 是设置页面边框的宽度。border-width 是一个不可继承的属性。同样地,border-width 也同时设置 4 个单侧边框宽度属性,设置顺序为上、右、下、左的形式,每侧之间以空格分隔,其边框宽度属性如表 6-4 所示。

表6-4

| 属性 | 作用 |
| --- | --- |
| border-width | 边框宽度 |
| border-top-width | 上边框宽度 |
| border-right-width | 右边框宽度 |
| border-bottom-width | 下边框宽度 |
| border-left-width | 左边框宽度 |

熟悉了边框宽度属性,那么边框宽度的取值方式如表 6-5 所示。

表6-5

| 属性值 | 作用 |
| --- | --- |
| medium | 边框宽度默认值 |
| thick | 设置粗于默认值 |
| thin | 设置细于默认值 |
| 长度值 | 设置可以使用所有的长度值 |

下面通过具体实例，演示边框宽度的运用。其在浏览器中显示的效果如图 6-7 所示。

**示例 6-6　Demo0606. html**

```
<!DOCTYPE HTML PUBLIC "-//W3C//DTD HTML 4.01 Transitional//EN" "http://www.
w3.org/TR/html4/loose.dtd">
<html>
  <head>
    <meta http-equiv = "Content-Type" content = "text/html; charset = utf-8" />
    <title>边框宽度设置</title>
    <style type = "text/css">
      div{width: 350px;
          height: 100px;
          margin-bottom: 20px;
          text-align: center;
          line-height: 100px;}
      .one{background-color: #F69;
          border-style: solid;
          border-left-width: 6px;/*设置左边框宽度*/
          border-right-width: 8px;/*设置右边框宽度*/}
      .two{background-color: #0CF;
          border-style: dashed dotted dashed dotted;
          border-width: 4px 5px 6px 7px;/*设置整体边框宽度*/}
    </style>
  </head>
  <body>
    <div class = "one">设置左、右边框宽度</div>
      <div class = "two">整体设置上、右、下、左边框宽度</div>
  </body>
</html>
```

执行结果：

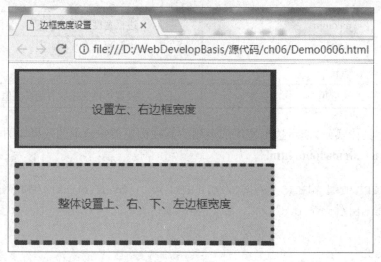

图 6-7

### 6.4.3 边框颜色属性

边框颜色属性 border-color 是设置页面边框的颜色。border-color 是一个不可继承的属性。同样地，border-color 也同时设置 4 个单侧边框颜色属性，设置顺序为上、右、下、左的形式，每侧之间以空格分隔，其边框颜色属性如表 6-6 示。

表 6-6

| 属性 | 作用 |
|---|---|
| border-color | 边框颜色 |
| border-top-color | 上边框颜色 |
| border-right-color | 右边框颜色 |
| border-bottom-color | 下边框颜色 |
| border-left-color | 左边框颜色 |

下面通过具体实例，演示边框颜色的运用。其在浏览器中显示的效果如图 6-8 所示。

**示例 6-7　Demo0607. html**

```
<!DOCTYPE HTML PUBLIC "-//W3C//DTD HTML 4.01 Transitional//EN" "http://www.
w3.org/TR/html4/loose.dtd">
<html>
  <head>
    <meta http-equiv = "Content-Type" content = "text/html; charset = utf-8" />
    <title>边框颜色设置</title>
```

```
<style type="text/css">
  div{width: 350px;
      height: 100px;
      margin-bottom: 20px;
      text-align: center;
      line-height: 100px;}
  .one{background-color: #F69;
      border-style: solid;
      border-width: 8px;
      border-top-color: #F00;/*设置上边框颜色*/
      border-bottom-color: #00F;/*设置下边框颜色*/}
  .two{background-color: #0CF;
      border-style: dashed dotted dashed dotted;
      border-width: 4px 5px 6px 7px;
      border-color: #60F #C60 #039 #396;/*设置整体边框颜色*/}
</style>
</head>
<body>
  <div class="one">设置上、下边框颜色</div>
    <div class="two">整体设置上、右、下、左边框颜色</div>
</body>
</html>
```

执行结果：

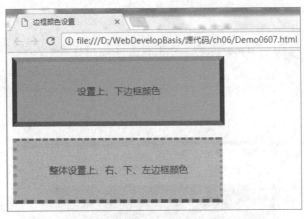

图 6-8

### 6.4.4　单侧边框的整体设置

单侧边框的整体设置是指只对边框的某侧样式进行综合设置。在 CSS 技术中，包括

border-top、border-right、border-bottom、border-left 4 个单侧边框的定义属性。其定义语法为 border-top | border-right | border-bottom | border-left: border-color border-width border-style。属性值之间以空格分隔,属性的顺序可以随意调换。其在浏览器中显示的效果如图 6 - 9 所示。

**示例 6 - 8    Demo0608. html**

```
<!DOCTYPE HTML PUBLIC "-//W3C//DTD HTML 4.01 Transitional//EN" "http://www.
w3.org/TR/html4/loose.dtd">
<html>
  <head>
    <meta http-equiv = "Content-Type" content = "text/html; charset = utf-8" />
    <title>单侧边框的整体设置</title>
    <style type = "text/css">
      div{width: 220px;
        height: 100px;
        margin-bottom: 20px;
        text-align: center;
        line-height: 100px;}
      .myborder{background-color: #0AE;
        border-top: #F00 3px dashed;/* 上边框的颜色、大小、样式设置 */
        border-right: #F0C 5px double;/* 右边框的颜色、大小、样式设置 */
        border-bottom: #60F 7px inset;/* 下边框的颜色、大小、样式设置 */
        border-left: #C93 9px ridge;/* 左边框的颜色、大小、样式设置 */}
    </style>
  </head>
  <body>
    <div class = "myborder">分别设置各边框样式</div>
  </body>
</html>
```

执行结果:

图 6 - 9

### 6.4.5　边框的整体设置

在 CSS 样式定义过程中,可以同时使用边框的多种属性实现对边框的整体定义。边框的整体设置是指对边框的各个属性样式实行统一定义。其定义语法为 border: border-color border-width border-style。属性值之间以空格分隔,属性的顺序可以随意调换。其在浏览器中显示的效果如图 6-10 所示。

**示例 6-9　Demo0809. html**

```
<!DOCTYPE HTML PUBLIC "-//W3C//DTD HTML 4.01 Transitional//EN" "http://www.
w3.org/TR/html4/loose.dtd">
<html>
  <head>
    <meta http-equiv = "Content-Type" content = "text/html; charset = utf-8" />
    <title>边框的整体设置</title>
    <style type = "text/css">
      div{width: 220px;
          height: 100px;
          margin-bottom: 20px;
          text-align: center;
          line-height: 100px;}
      .myborder{background-color: #0AE;
          border: #C63 6px groove;/*设置整体边框样式*/}
    </style>
  </head>
  <body>
      <div class = "myborder">边框样式整体统一设置</div>
  </body>
</html>
```

执行结果:

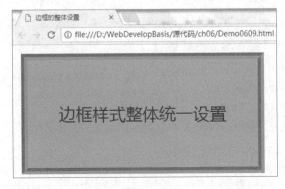

图 6-10

## 6.5 定义内边距属性

内边距属性在盒模型内是串联宽度和高度的属性。下面将对实际中常用的边界属性通过具体实例的实现来讲解其使用方法。元素内边距属性如表 6-7 所示。

表 6-7

| 属性 | 说明 | 例子 |
|---|---|---|
| padding-top | 设置上内边距 | padding-top: 1px; |
| padding-right | 设置右内边距 | padding-right: 2px; |
| padding-bottom | 设置下内边距 | padding-bottom: 3px; |
| padding-left | 设置左内边距 | padding-left: 4px; |
| padding | 上、右、下、左内边距分别是 1px、2px、3px、4px | padding: 1px 2px 3px 4px |
| | 上、下内边距是 3px<br>左、右内边距是 5px | padding: 3px 5px |
| | 上内边距是 1px<br>左、右内边距是 2px<br>下内边距是 3px | padding: 1px 2px 3px |
| | 上、右、下、左内边距是 10px | padding: 10px |

### 6.5.1 内边距属性

内边距属性 padding 是一个不可继承的属性，可以设置上、右、下、左相同内边距，也可以分别设置不同内边距，每侧内边距之间以空格分隔。其定义语法为 padding: 长度值|百分比。其在浏览器中显示的效果如图 6-11 所示。

**示例 6-10    Demo0610.html**

```
<!DOCTYPE HTML PUBLIC "-//W3C//DTD HTML 4.01 Transitional//EN" "http://www.w3.org/TR/html4/loose.dtd">
<html>
  <head>
    <meta http-equiv = "Content-Type" content = "text/html; charset = utf-8" />
    <title>内边距设置</title>
    <style type = "text/css">
      div{width: 220px;
          height: 100px;
          margin-right: 20px;
          background-color: #FC6;
          float: left;}
```

```
    .mypadding{background-color: #0AE;
        padding: 20px;/* 上、右、下、左的内边距统一设置为 20 像素 */}
    </style>
  </head>
  <body>
    <div>未设置内边距</div>
      <div class = "mypadding">整体内边距为 20 像素</div>
  </body>
</html>
```

执行结果:

图 6 - 11

### 6.5.2  单侧内边距属性

单侧内边距属性是指只在某页面元素的某侧设置内边距属性。下面通过具体实例,演示单侧内边距的运用。其在浏览器中显示的效果如图 6 - 12 所示。

**示例 6 - 11  Demo0611. html**

```
<!DOCTYPE HTML PUBLIC "-//W3C//DTD HTML 4.01 Transitional//EN" "http://www.
w3.org/TR/html4/loose.dtd">
<html>
  <head>
    <meta http-equiv = "Content-Type" content = "text/html; charset = utf-8" />
    <title>单侧内边距设置</title>
    <style type = "text/css">
    div{width: 220px;
        height: 100px;
        margin-right: 20px;
        float: left;}
    .top-pad{background-color: #FC6;
```

```
        padding-top: 10px;/*顶部内边距为 10 像素*/}
      .left-pad{background-color: #0AE;
        padding-left: 20px;/*左侧内边距为 20 像素*/}
    </style>
  </head>
  <body>
    <div class = "top-pad">设置顶部内边距为 10 像素</div>
      <div class = "left-pad">设置左侧内边距为 20 像素</div>
  </body>
</html>
```

执行结果：

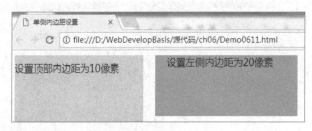

图 6 - 12

 **元素使用负外边界**

当页面中的元素使用负外边界后，会覆盖其他元素的内容。下面通过具体实例，演示元素负外边界的运用。其在浏览器中显示的效果如图 6 - 13 所示。

**示例 6 - 12 Demo0612. html**

```
<!DOCTYPE HTML PUBLIC "-//W3C//DTD HTML 4.01 Transitional//EN" "http://www.
w3.org/TR/html4/loose.dtd">
<html>
  <head>
    <meta http-equiv = "Content-Type" content = "text/html; charset = utf-8" />
    <title>负边界的设置</title>
    <style type = "text/css">
      .non-execution,.execute{width: 500px;
        height: 150px;
        background-color: #CCC;
        }
```

```
            .non-execution>div,.execute>div{width: 220px;
                height: 100px;
                background-color: #FC6;
                float: left;}
            .non-execution>div + div,.execute>.negative{background-color: #0AE;}
            .execute>.negative{margin-left: -100px;/*设置元素的外边界距离为
-100像素*/}
        </style>
    </head>
    <body>
        <h2>未执行负外边界效果</h2>
        <div class = "non-execution">
            <div></div>
            <div></div>
        </div>
        <h2>已执行负外边界效果</h2>
        <div class = "execute">
            <div></div>
            <div class = "negative"></div>
        </div>
    </body>
</html>
```

执行结果：

图 6-13

计算盒模型大小

在网页制作应用中的计算盒模型大小主要分为水平方向的宽度和垂直方向的高度计算两个方面。

### 6.7.1　水平方向的宽度计算

在水平方向从左到右依次将左外边界、左边框、左内边距、元素的宽度、右外边界、右边框、右内边距这 7 个部分宽度加在一起就是水平方向的宽度。

### 6.7.2　垂直方向的高度计算

在垂直方向从上到下依次将上外边界、上边框、上内边距、元素的高度、下外边界、下边框、下内边距这 7 个部分高度加在一起就是垂直方向的高度。

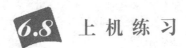 上 机 练 习

- 上机练习 1：课程导航。
- 需求说明
  - 课程导航标题使用标题标记实现，课程导航列表使用无序列表实现，效果如图 6-14 所示。

图 6-14

- 上机练习 2：商品分类。
- 需求说明

■ 使用定义列表 dl-dt-dd 制作商品分类列表，效果如图 6 – 15 所示。

图 6 – 15

# 小 结

➢ CSS 中的所有文档元素都会生成一个由内容、内边距、边框和外边界等元素组成的矩形框，这个矩形框就是盒模型。

➢ 盒模型主要定义 4 个区域：content、padding、border 和 margin。

➢ content 内容只能出现在盒模型中具有高度和宽度的部分。

➢ CSS 中的盒模型的外边界 margin 包括边界属性、单侧边界属性等。

➢ CSS 中的边框属性 border 包括样式属性、宽度属性和颜色属性等。

➢ 内边距属性 padding 在盒模型内是串联宽度和高度的属性。

➢ 当页面中的元素使用负外边界后，会覆盖其他元素的内容。

# 设计内容元素的 CSS ////////////////////////////////

- ◆ 会使用 CSS 设置字体样式和文本样式
- ◆ 会使用 CSS 设置超链接样式
- ◆ 会使用 CSS 设置鼠标样式
- ◆ 会使用 CSS 设置列表样式
- ◆ 会使用 CSS 设置透明度

通过上一个项目的学习,我们熟悉了 CSS 盒模型是由外边界、边框、内边距等元素组成的。本项目我们将通过 CSS 技术来实现对页面元素的设置和修饰,使页面能够以指定的效果显示出来。

 文 本 样 式

文本是网页的最重要组成部分之一,浏览者通过文本可以了解页面和站点的基本信息。在本节的内容中,我们将详细讲解页面中文本样式的设置方法,并通过具体实例的实现来分析其运用的场景。

### 7.1.1 段首缩进

首行缩进是将段落的第一行从左向右缩进一定的距离,首行外的各行都保持不变,便于阅读和区分文章整体结构,而常见于中文文档处理中。在 CSS 布局中,通常使用属性 text-indent 来实现文本缩进。属性 text-indent 的作用是指定元素首行的缩进样式。text-indent 属性是一个可以继承的属性,其定义语法为 text-indent:长度值|百分比。其在浏览器中显示的效果如图 7-1 所示。

示例 7-1    Demo0701. html

```
<!DOCTYPE HTML PUBLIC "-//W3C//DTD HTML 4.01 Transitional//EN" "http://www.
w3.org/TR/html4/loose.dtd">
```

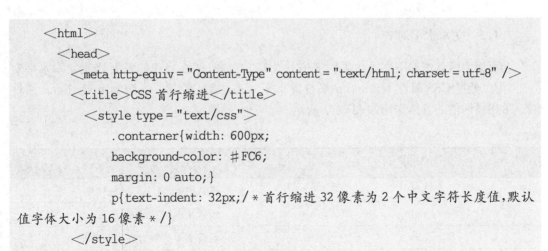

```
<html>
  <head>
    <meta http-equiv = "Content-Type" content = "text/html; charset = utf-8" />
    <title>CSS 首行缩进</title>
      <style type = "text/css">
        .contarner{width: 600px;
        background-color: #FC6;
        margin: 0 auto;}
        p{text-indent: 32px;/* 首行缩进 32 像素为 2 个中文字符长度值,默认
值字体大小为 16 像素 */}
      </style>
  </head>
  <body>
  <div class = "contarner">
        <h1>关于我们</h1>
        <p>
        软件学院是一家技术型高端 IT 人才教育学院。平台联合著名国际厂商
为学员提供知识与技能、认证与学历的提升与保障。提供基 O2O 模式的线上线下全周期
的教育服务运营模式。某大型网络公司作为战略合作伙伴,整合其强大的云平台计算和
大数据资源,为规划学员的职业发展路径提供可视化学习、分析和指导保障。
        </p>
        <p>
        软件学院为上百家顶级信息化科技签约企业提供人才输送保障。实现
"政府牵头、院校协理、学院培养、企业接收"的四位一体化人才培养体系,提供务实可靠的
职业导向地图。是为城市累积高端 IT 人才进而服务社会技术进步而设立的 IT 教育学
院,在教育行业创新发展中独树一帜。
        </p>
    </div>
  </body>
</html>
```

执行结果:

图 7-1

### 7.1.2　文本水平对齐

在页面中默认情况下文本水平对齐方式为靠左对齐,那么当我们需要修改文本水平对齐时,可以通过 CSS 属性 text-align 来设置水平对齐功能,其定义语法为 text-align: 属性值。常用属性值的具体作用如表 7-1 所示。

表 7-1

| 属性值 | 作用 |
| --- | --- |
| left | 默认值,设置文本居左对齐 |
| right | 设置文本居右对齐 |
| center | 设置文本居中对齐 |
| justify | 设置文本两端对齐 |

下面通过具体实例,演示 text-align 属性的运用。其在浏览器中显示的效果如图 7-2 所示。

**示例 7-2　Demo0702. html**

```
<!DOCTYPE HTML PUBLIC "-//W3C//DTD HTML 4.01 Transitional//EN" "http://www.
w3.org/TR/html4/loose.dtd">
<html>
 <head>
  <meta http-equiv = "Content-Type" content = "text/html; charset = utf-8" />
  <title>text-align 文本水平对齐</title>
   <style type = "text/css">
     .contarner{width: 600px;
     background-color: #FC6;
     margin: 0 auto;}
     p{text-indent: 32px;}
     h1{text-align: center;/* 设置当前文本为居中对齐 */}
   </style>
 </head>
<body>
 <div class = "contarner">
     <h1>关于我们</h1>
     <p>
     软件学院是一家技术型高端 IT 人才教育学院。平台联合著名国际厂商
为学员提供知识与技能、认证与学历的提升与保障。提供基 O2O 模式的线上线下全周期
的教育服务运营模式。某大型网络公司作为战略合作伙伴,整合其强大的云平台计算和
大数据资源,为规划学员的职业发展路径提供可视化学习、分析和指导保障。
```

```
            </p>
            <p>
```
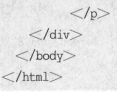
软件学院为上百家顶级信息化科技签约企业提供人才输送保障。实现
"政府牵头、院校协理、学院培养、企业接收"的四位一体化人才培养体系,提供务实可靠的
职业导向地图。是为城市累积高端 IT 人才进而服务社会技术进步而设立的 IT 教育学
院,在教育行业创新发展中独树一帜。
```
            </p>
        </div>
    </body>
</html>
```

执行结果:

图 7 - 2

注意:text-align 属性仅限于在块元素内使用。

### 7.1.3　文本垂直对齐

在页面中默认情况下文本垂直对齐方式为放置在父元素的基线上,那么当我们需要修改文本垂直对齐时,可以通过 CSS 属性 vertical-align 来设置垂直对齐功能。其定义语法为 vertical-align: 属性值。常用属性值的具体作用如表 7 - 2 所示。

表 7 - 2

| 属性值 | 作用 |
| --- | --- |
| top | 将元素的顶端与行中最高元素的顶端对齐 |
| middle | 把此元素放置在父元素的中部 |
| bottom | 将元素的顶端与行中最低的元素的顶端对齐 |
| baseline | 默认值,元素放置在父元素的基线上 |

下面通过具体实例,演示 vertical-align 属性的运用。其在浏览器中显示的效果如图 7 - 3 所示。

**示例 7 - 3　Demo0703. html**

```
<!DOCTYPE HTML PUBLIC "-//W3C//DTD HTML 4.01 Transitional//EN" "http://www.
w3.org/TR/html4/loose.dtd">
<html>
  <head>
    <meta http-equiv = "Content-Type" content = "text/html; charset = utf-8" />
    <title>vertical-align 垂直对齐方式</title>
    <style type = "text/css">
      table{border-collapse: collapse;
       width: 300px;
       height: 200px;}
      th, td{border: 1px #CCC solid;}
      th{background-color: #000;
      color: #FFF;}
      .even{
        background-color: #EEE;}
      td{text-align: center;/*设置水平居中对齐*/
      vertical-align: bottom;/*设置垂直居底部对齐*/}
    </style>
  </head>
  <body>
    <table>
      <tr>
        <th>学号</th>
        <th>姓名</th>
        <th>年龄</th>
      </tr>
      <tr>
        <td>100001</td>
        <td>张三</td>
        <td>18</td>
      </tr>
      <tr  class = "even">
        <td>100002</td>
        <td>李四</td>
```

```
            <td>19</td>
          </tr>
          <tr>
          <td>100003</td>
          <td>王五</td>
          <td>18</td>
          </tr>
      </table>
    </body>
  </html>
```

执行结果：

图 7-3

注意：vertical-align 属性仅限于在内联元素内使用，不能用来控制<div>等块元素的垂直对齐方式。

### 7.1.4 文本行高

在网页制作中 line-height 属性的作用是控制页面文本的行高。line-height 是一个可继承属性，其定义语法为 line-height：属性值。大多数浏览器的默认行高为 110％至 120％，常用属性值的具体作用如表 7-3 所示。

表 7-3

| 属性值 | 作用 |
|---|---|
| normal | 默认，设置合理的行间距 |
| number | 设置数字，此数字会与当前的字体尺寸相乘来设置行间距 |
| length | 设置固定的行间距 |
| ％ | 基于当前字体尺寸的百分比设置行间距 |

下面通过具体实例,演示 line-height 属性的运用。其在浏览器中显示的效果如图 7 - 4 所示。

**示例 7 - 4 Demo0704. html**

```
<!DOCTYPE HTML PUBLIC "-//W3C//DTD HTML 4.01 Transitional//EN" "http://www.
w3.org/TR/html4/loose.dtd">
<html>
  <head>
    <meta http-equiv = "Content-Type" content = "text/html; charset = utf-8" />
    <title>文本行高设置</title>
    <style type = "text/css">
      .contarner{width: 600px;
      background-color: #FC6;
      margin: 0 auto;}
      .small{line-height: 90%;/* 设置行高为当前字体尺寸的 90% */}
      .big{line-height: 1.5;/* 设置行高为当前字体尺寸的 1.5 倍 */}
    </style>
  </head>
  <body>
    <div class = "contarner">
      <h1>关于我们</h1>
        <p class = "small">
        软件学院是一家技术型高端 IT 人才教育学院。平台联合著名国际厂商
为学员提供知识与技能、认证与学历的提升与保障。提供基 O2O 模式的线上线下全周期
的教育服务运营模式。某大型网络公司作为战略合作伙伴,整合其强大的云平台计算和
大数据资源,为规划学员的职业发展路径提供可视化学习、分析和指导保障。
        </p>
        <p class = "big">
        软件学院为上百家顶级信息化科技签约企业提供人才输送保障。实现
"政府牵头、院校协理、学院培养、企业接收"的四位一体化人才培养体系,提供务实可靠的
职业导向地图。是为城市累积高端 IT 人才进而服务社会技术进步而设立的 IT 教育学
院,在教育行业创新发展中独树一帜。
        </p>
    </div>
  </body>
</html>
```

执行结果：

图 7-4

在 CSS 中文本垂直对齐 vertical-align 属性仅限于在内联元素内使用，如果我们需要让块级元素中的文本垂直对齐，可以利用 CSS 的其他属性来实现。其中，行高 line-height 属性是最为常用的方法。其在浏览器中显示的效果如图 7-5 所示。

**示例 7-5　Demo0705. html**

```
<!DOCTYPE HTML PUBLIC "-//W3C//DTD HTML 4.01 Transitional//EN" "http://www.
w3.org/TR/html4/loose.dtd">
<html>
  <head>
    <meta http-equiv = "Content-Type" content = "text/html; charset = utf-8" />
    <title>line-height 实现文本垂直对齐效果</title>
    <style type = "text/css">
      ul li{list-style-type: none;
          margin-bottom: 8px;}
      span{display: inline-block;
          width: 52px;
          height: 52px;
          font-size: 10px;
          text-align: center;
          background-color: #ff6600;
          color: #FFF;
          line-height: 18px;/*设置文本内容行高为 18 像素，实现文本垂直对齐
效果*/}
        span>em{font-style: normal;
          display: block;
          padding-top: 7px;}
```

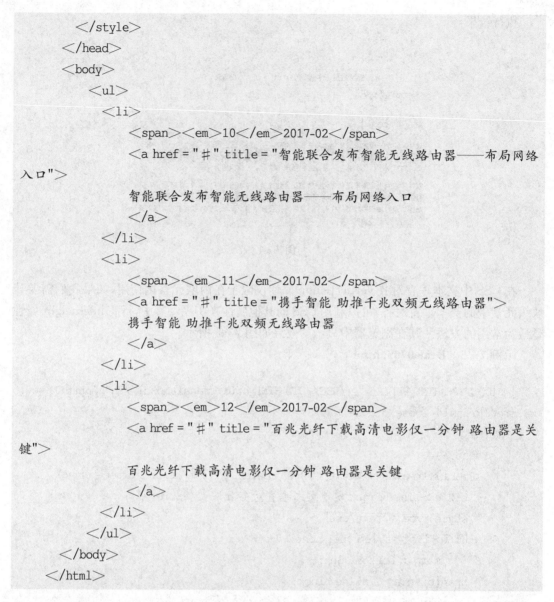

```
            </style>
        </head>
        <body>
            <ul>
                <li>
                    <span><em>10</em>2017-02</span>
                    <a href = "#" title = "智能联合发布智能无线路由器——布局网络
入口">

                    智能联合发布智能无线路由器——布局网络入口
                    </a>
                </li>
                <li>
                    <span><em>11</em>2017-02</span>
                    <a href = "#" title = "携手智能 助推千兆双频无线路由器">
                    携手智能 助推千兆双频无线路由器
                    </a>
                </li>
                <li>
                    <span><em>12</em>2017-02</span>
                    <a href = "#" title = "百兆光纤下载高清电影仅一分钟 路由器是关
键">

                    百兆光纤下载高清电影仅一分钟 路由器是关键
                    </a>
                </li>
            </ul>
        </body>
    </html>
```

执行结果：

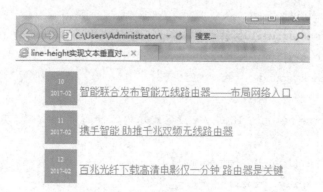

图 7-5

### 7.1.5 字符间距

在网页制作中 letter-spacing 属性的作用是控制页面文本字符的间隔距离。letter-spacing 是一个可继承属性,其定义语法为 letter-spacing: 属性值。常用属性值的具体作用如表 7 - 4 所示。

表 7 - 4

| 属性值 | 作用 |
| --- | --- |
| normal | 默认,规定字符间没有额外的空间 |
| length | 定义字符间的固定间隔距离(允许使用负值) |

下面通过具体实例,演示 letter-spacing 属性的运用。其在浏览器中显示的效果如图 7 - 6 所示。

**示例 7 - 6  Demo0706. html**

```
<!DOCTYPE HTML PUBLIC "-//W3C//DTD HTML 4.01 Transitional//EN" "http://www.
w3.org/TR/html4/loose.dtd">
<html>
 <head>
 <meta http-equiv = "Content-Type" content = "text/html; charset = utf-8" />
 <title>字符间距设置</title>
  <style type = "text/css">
     .contarner{width: 500px;
     background-color: #FC6;
     margin: 0 auto;}
     .increase{letter-spacing: 3px;/* 设置当前文本字符间距为 3 像
素 * /}
     .reduce{letter-spacing: -3px;/* 设置当前文本字符间距为 - 3 像
素 * /}
  </style>
 </head>
<body>
 <div class = "contarner">
     <h1>关于我们</h1>
     <p class = "increase">
     软件学院是一家技术型高端 IT 人才教育学院。
     </p>
     <p class = "reduce">
     软件学院为上百家顶级信息化科技签约企业提供人才输送保障。
```

```
        </p>
      </div>
    </body>
  </html>
```

执行结果：

图 7 - 6

### 7.1.6 文本装饰效果

属性 text-decoration 的作用是对页面内文本装饰效果进行处理。text-decoration 是不可继承的属性,其定义语法为 text-decoration: 属性值。常用属性值的具体作用如表 7 - 5 所示。

表 7 - 5

| 属性值 | 作用 |
| --- | --- |
| none | 默认值,设置为标准的文本 |
| underline | 文本添加下划线 |
| overline | 文本添加上划线 |
| line-through | 文本添加删除线 |

下面通过具体实例,演示 text-decoration 属性的运用。其在浏览器中显示的效果如图 7 - 7 所示。

**示例 7 - 7　Demo0707. html**

```
    <!DOCTYPE HTML PUBLIC "-//W3C//DTD HTML 4.01 Transitional//EN" "http://www.
w3.org/TR/html4/loose.dtd">
    <html>
      <head>
      <meta http-equiv = "Content-Type" content = "text/html; charset = utf-8" />
      <title>文本装饰效果</title>
      <style type = "text/css">
        ul li{list-style-type: none;
```

```
            margin-bottom: 8px;}
        span{display: inline-block;
            width: 52px;
            height: 52px;
            font-size: 10px;
            text-align: center;
            background-color: #ff6600;
            color: #FFF;
            line-height: 18px;}
        span>em{font-style: normal;
            display: block;
            padding-top: 7px;}
        a{text-decoration: none;/*超链接默认带下划线,这里设置去掉其装饰效
果*/
            color: #000;}
    </style>
</head>
<body>
    <ul>
        <li>
            <span><em>10</em>2017-02</span>
            <a href="#" title="智能联合发布智能无线路由器——布局网络
入口">

            智能联合发布智能无线路由器——布局网络入口
            </a>
        </li>
        <li>
            <span><em>11</em>2017-02</span>
            <a href="#" title="携手智能 助推千兆双频无线路由器">
            携手智能 助推千兆双频无线路由器
            </a>
        </li>
        <li>
            <span><em>12</em>2017-02</span>
            <a href="#" title="百兆光纤下载高清电影仅一分钟 路由器是
关键">

            百兆光纤下载高清电影仅一分钟 路由器是关键
            </a>
```

```
            </li>
          </ul>
      </body>
    </html>
```

执行结果：

图 7-7

## 7.2　字体效果

在网页制作中，要根据网站的类型及风格考虑页面的文本字体效果，文本字体效果属性往往包括字体、大小、粗细、颜色等各方面。在字体效果学习之前，我们先来看一下最常用的Microsoft Word 对于文字的样式都有哪些设置，见图 7-8。

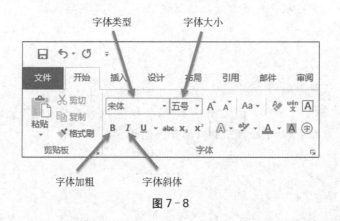

图 7-8

通过图 7-8，我们可以很直观地知道在"字体效果"这一节将要学习哪些属性。

### 7.2.1　文本字体

属性 font-family 的作用是设置页面文本字体样式，它是一个可继承的属性。font-family 可以把多个字体名称作为一个"回退"系统来保存,如果浏览器不支持第一个字体,则会尝试下一个,每个值之间用逗号分隔。其定义语法为 font-family: 字体名称。其在浏览器中显示的效果如图 7-9 所示。

**示例 7-8 Demo0708. html**

```html
<!DOCTYPE HTML PUBLIC "-//W3C//DTD HTML 4.01 Transitional//EN" "http://www.
w3.org/TR/html4/loose.dtd">
<html>
  <head>
    <meta http-equiv = "Content-Type" content = "text/html; charset = utf-8" />
    <title>文本字体</title>
    <style type = "text/css">
        .contarner{width: 500px;
        background-color: #FC6;
        margin: 0 auto;}
        h1{font-family:"隶书","华文隶书","微软雅黑","宋体";}
        p{font-family:"楷体","华文楷体","微软雅黑","宋体";}
    </style>
  </head>
<body>
   <div class = "contarner">
      <h1>关于我们</h1>
        <p>软件学院是一家技术型高端 IT 人才教育学院。</p>
        <p>软件学院为上百家签约企业提供人才输送保障。</p>
   </div>
  </body>
</html>
```

执行结果:

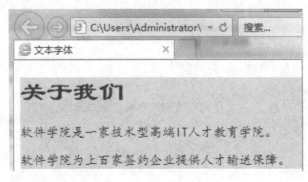

图 7-9

### 7.2.2　字体效果

属性 font-style 的作用是设置页面文本字体显示效果。font-style 是一个可继承的属性，其定义语法为 font-style: 属性值。常用属性值的具体作用如表 7-6 所示。

表 7-6

| 属性值 | 作用 |
| --- | --- |
| normal | 默认值。显示标准的字体效果 |
| italic | 显示斜体的字体效果 |
| oblique | 显示倾斜的字体样式 |

下面通过具体实例，演示 font-style 属性的运用。其在浏览器中显示的效果如图 7-10 所示。

**示例 7-9　Demo0709. html**

```
<!DOCTYPE HTML PUBLIC "-//W3C//DTD HTML 4.01 Transitional//EN" "http://www.
w3.org/TR/html4/loose.dtd">
<html>
  <head>
    <meta http-equiv = "Content-Type" content = "text/html; charset = utf-8" />
    <title>字体效果</title>
      <style type = "text/css">
          .contarner{width: 500px;
          background-color: #FC6;
          margin: 0 auto;}
          h1{font-family:"隶书","华文隶书","微软雅黑","宋体";
          font-style: italic; /*将字体效果设置为斜体显示*/}
          p{font-family:"楷体","华文楷体","微软雅黑","宋体";}
      </style>
  </head>
<body>
  <div class = "contarner">
      <h1>关于我们</h1>
      <p>
      软件学院是一家技术型高端 IT 人才教育学院。
      </p>
      <p>
      软件学院为上百家签约企业提供人才输送保障。
      </p>
```

```
      </div>
    </body>
  </html>
```

执行结果:

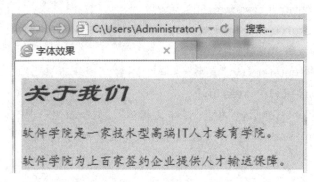

图 7-10

### 7.2.3 字体大小

属性 font-size 的作用是设置页面文本字体大小的尺寸。font-size 是一个可继承的属性,其定义语法为 font-size: 属性值。常用属性值的具体作用如表 7-7 所示。

表 7-7

| 属性值 | 作用 |
| --- | --- |
| • xx-small<br>• x-small<br>• small<br>• medium<br>• large<br>• x-large<br>• xx-large | 字体大小设置为不同的尺寸,从 xx-small 到 xx-large。默认值: medium |
| smaller | 设置为比父元素更小的尺寸 |
| larger | 设置为比父元素更大的尺寸 |
| length | 设置为固定的值 |
| % | 设置为基于父元素的百分比值 |

下面通过具体实例,演示 font-size 属性的运用。其在浏览器中显示的效果如图 7-11 所示。

**示例 7-10 Demo0710. html**

```
<!DOCTYPE HTML PUBLIC "-//W3C//DTD HTML 4.01 Transitional//EN" "http://www.
w3.org/TR/html4/loose.dtd">
```

```
<html>
  <head>
    <meta http-equiv = "Content-Type" content = "text/html; charset = utf-8" />
    <title>字体大小</title>
      <style type = "text/css">
          .contarner{width: 500px;
          background-color: #FC6;
          margin: 0 auto;}
          h1{font-family:"隶书","华文隶书","微软雅黑","宋体";
          font-style: italic;}
          p{font-family:"楷体","华文楷体","微软雅黑","宋体";
          font-size: 22px;/*设置字体大小为22像素*/}
      </style>
  </head>
  <body>
    <div class = "contarner">
        <h1>关于我们</h1>
        <p>软件学院是一家技术型高端IT人才教育学院。</p>
        <p>软件学院为上百家签约企业提供人才输送保障。</p>
    </div>
  </body>
</html>
```

执行结果：

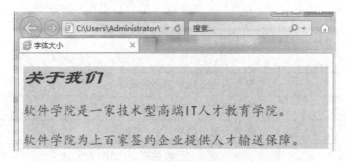

图 7-11

### 7.2.4　字体粗细

属性 font-weight 的作用是设置页面文本粗细效果。font-weight 是一个可继承的属性，其定义语法为 font-weight：属性值。常用属性值的具体作用如表 7-8 所示。

表 7 - 8

| 属性值 | 作用 |
| --- | --- |
| • 100<br>• 200<br>• …<br>• 800<br>• 900 | 设置由细到粗的字符。400 等同于 normal，而 700 等同于 bold |
| normal | 默认值。设置为标准的粗细效果 |
| bold | 设置为加粗效果 |
| bolder | 设置为更粗效果 |
| lighter | 设置为更细效果 |

下面通过具体实例，演示 font-size 属性的运用。其在浏览器中显示的效果如图 7 - 12 所示。

**示例 7 - 11　Demo0711. html**

```
<!DOCTYPE HTML PUBLIC "-//W3C//DTD HTML 4.01 Transitional//EN" "http://www.
w3.org/TR/html4/loose.dtd">
<html>
  <head>
    <meta http-equiv = "Content-Type" content = "text/html; charset = utf-8" />
    <title>字体粗细</title>
      <style type = "text/css">
        .contarner{width: 500px;
        background-color: #FC6;
        margin: 0 auto;}
        h1{font-family:"隶书","华文隶书","微软雅黑","宋体";
        font-style: italic;}
        p{font-family:"楷体","华文楷体","微软雅黑","宋体";
        font-size: 22px; font-weight: bold;/＊设置字体为加粗效果＊/}
      </style>
  </head>
<body>
  <div class = "contarner">
      <h1>关于我们</h1>
      <p>软件学院是一家技术型高端 IT 人才教育学院。</p>
      <p>软件学院为上百家签约企业提供人才输送保障。</p>
  </div>
  </body>
</html>
```

执行结果：

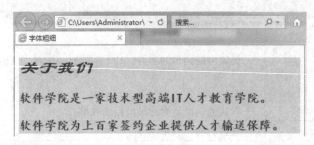

图 7 - 12

### 7.2.5　整体设置字体效果

在前面我们讲解了如何设置文本字体、字体效果、字体大小、字体粗细等相关属性。同样地，字体效果也可以如边框 border 属性一样进行整体效果设置。整体字体效果设置使用 font 属性，它的作用是统一设置页面文本字体、效果、大小、粗细等，其定义语法为 font: font-style font-variant font-weight font-size/line-height font-family。按属性顺序设置，font-size 和 font-family 的值是必需的，如果缺少了其他值，默认值将被插入。其中 font-variant 属性设置小型大写字母的字体显示，可以缺省。font-size/line-height 表示设置字体尺寸和行高。其在浏览器中显示的效果如图 7 - 13 所示。

**示例 7 - 12　Demo0712. html**

```
<!DOCTYPE HTML PUBLIC "-//W3C//DTD HTML 4.01 Transitional//EN" "http://www.
w3.org/TR/html4/loose.dtd">
<html>
  <head>
    <meta http-equiv = "Content-Type" content = "text/html; charset = utf-8" />
    <title>整体设置字体效果</title>
      <style type = "text/css">
        .contarner{width: 600px;
        background-color: #FC6;
        margin: 0 auto;}
        .font-one{font: 20px "隶书","华文隶书","微软雅黑","宋体";/* 只
设置了字体大小和样式,其他属性使用默认值 */}
        .font-two{font: italic bold 22px/30px "隶书","华文隶书","微软雅
黑","宋体";/* 字体分别设置为斜体、加粗、大小 22 像素、行高 30 像素、字体样式 */}
      </style>
  </head>
  <body>
    <div class = "contarner">
```

```
        <h1>关于我们</h1>
        <p class = "font-one">
        软件学院是一家技术型高端 IT 人才教育学院。平台联合著名国际厂商
为学员提供知识与技能、认证与学历的提升与保障。提供基 O2O 模式的线上线下全周期
的教育服务运营模式。某大型网络公司作为战略合作伙伴,整合其强大的云平台计算和
大数据资源,为规划学员的职业发展路径提供可视化学习、分析和指导保障。
        </p>
        <p class = "font-two">
        软件学院为上百家顶级信息化科技签约企业提供人才输送保障。实现
"政府牵头、院校协理、学院培养、企业接收"的四位一体化人才培养体系,提供务实可靠的
职业导向地图。是为城市累积高端 IT 人才进而服务社会技术进步而设立的 IT 教育学
院,在教育行业创新发展中独树一帜。
        </p>
    </div>
    </body>
</html>
```

执行结果:

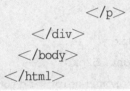

图 7-13

## 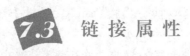 链接属性

CSS 不但能够对文本进行常规样式设置,而且还能够进行扩展的操作,如常见超链接样

式的处理。链接属性的作用是对页面元素的超链接进行状态样式设置。

### 7.3.1 未访问的链接

未访问链接使用伪类：link，它的作用是对页面中未访问过的超链接进行样式设置，定义语法为 a: link{属性: 属性值;}。其在浏览器中显示的效果如图 7-14 所示。

**示例 7-13    Demo0713. html**

```
<!DOCTYPE HTML PUBLIC "-//W3C//DTD HTML 4.01 Transitional//EN" "http://www.
w3.org/TR/html4/loose.dtd">
<html>
  <head>
    <meta http-equiv = "Content-Type" content = "text/html; charset = utf-8" />
    <title>未访问的链接</title>
    <style type = "text/css">
        ul li{list-style-type: none; margin-bottom: 8px;}
        span{display: inline-block; width: 52px; height: 52px;
            font-size: 10px; text-align: center; background-color: #ff6600;
            color: #FFF; line-height: 18px;}
        span>em{font-style: normal; display: block; padding-top: 7px;}
        / * 下面是未访问过的链接样式  */
        a: link{color: #F90;
                    text-decoration: none;}
    </style>
  </head>
  <body>
            <ul>
                <li>
                        <span><em>10</em>2017-02</span>
                        <a href = "#" title = "智能联合发布智能无线路由器——
布局网络入口">

                            智能联合发布智能无线路由器——布局网络入口
                        </a>
                </li>
                <li>
                        <span><em>11</em>2017-02</span>
                        <a href = "#" title = "携手智能 助推千兆双频无线路
由器">

                            携手智能 助推千兆双频无线路由器
```

```
                    </a>
                </li>
                <li>
                    <span><em>12</em>2017-02</span>
                    <a href = "#" title = "百兆光纤下载高清电影仅一分钟
路由器是关键">

                    百兆光纤下载高清电影仅一分钟 路由器是关键
                    </a>
                </li>
            </ul>
    </body>
  </html>
```

执行结果：

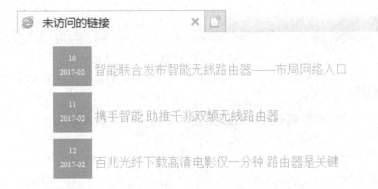

图 7 - 14

## 7.3.2 鼠标悬停链接上时

鼠标悬停链接上时使用伪类：hover,它的作用是设置页面中鼠标放在超链接上时的显示效果,定义语法为 a: hover{属性：属性值;}。其在浏览器中显示的效果如图 7 - 15 所示。
**示例 7 - 14  Demo0714. html**

```
<!DOCTYPE HTML PUBLIC "-//W3C//DTD HTML 4.01 Transitional//EN" "http://www.
w3.org/TR/html4/loose.dtd">
<html>
  <head>
    <meta http-equiv = "Content-Type" content = "text/html; charset = utf-8" />
    <title>鼠标悬停链接上时</title>
    <style type = "text/css">
        ul li{list-style-type: none;
```

```
                   margin-bottom: 8px;}
          span { display: inline-block; width: 52px; height: 52px; font-
size: 10px;
                   text-align: center; background-color: #ff6600; color: #FFF;
                   line-height: 18px;}
          span>em{font-style: normal; display: block; padding-top: 7px;}
          a: link{color: #F90;
                   text-decoration: none;}
          /*下面是鼠标悬停链接上时的样式*/
          a: hover{color: #000;
                   text-decoration: underline;
                   font-weight: bold;}
      </style>
    </head>
    <body>
       <ul>
           <li>
               <span><em>10</em>2017-02</span>
               <a href = "#" title = "智能联合发布智能无线路由器——布
局网络入口">
                   智能联合发布智能无线路由器——布局网络入口
                   </a>
           </li>
           <li>
               <span><em>11</em>2017-02</span>
               <a href = "#" title = "携手智能 助推千兆双频无线路由器">
               携手智能 助推千兆双频无线路由器
                   </a>
           </li>
           <li>
               <span><em>12</em>2017-02</span>
               <a href = "#" title = "百兆光纤下载高清电影仅一分钟 路
由器是关键">
                   百兆光纤下载高清电影仅一分钟 路由器是关键
                   </a>
           </li>
       </ul>
    </body>
  </html>
```

执行结果：

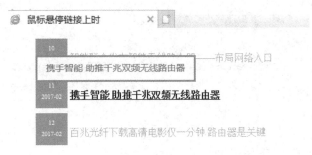

图 7 – 15

### 7.3.3　活动链接

活动链接使用伪类：active，它的作用是设置页面中超链接内容被激活后的显示效果，定义语法为 a：active{属性：属性值；}。a：active 和 a：hover 经常组合使用。其在浏览器中显示的效果如图 7 – 16 所示。

**示例 7 – 15　Demo0715. html**

```
<!DOCTYPE HTML PUBLIC "-//W3C//DTD HTML 4.01 Transitional//EN" "http://www.
w3.org/TR/html4/loose.dtd">
<html>
  <head>
    <meta http-equiv = "Content-Type" content = "text/html; charset = utf-8" />
    <title>活动链接</title>
    <style type = "text/css">
        ul li{list-style-type: none; margin-bottom: 8px;}
        span { display: inline-block; width: 52px; height: 52px; font-
size: 10px;
            text-align: center; background-color: #ff6600; color: #FFF;
            line-height: 18px;}
        span>em{font-style: normal; display: block; padding-top: 7px;}
        a: link{color: #F90; text-decoration: none;}
        a: hover{color: #000; text-decoration: underline;
            font-weight: bold;}
        /*下面是活动链接的样式*/
        a: active{color: #F00;
            font-weight: normal;
            text-decoration: none;}
    </style>
```

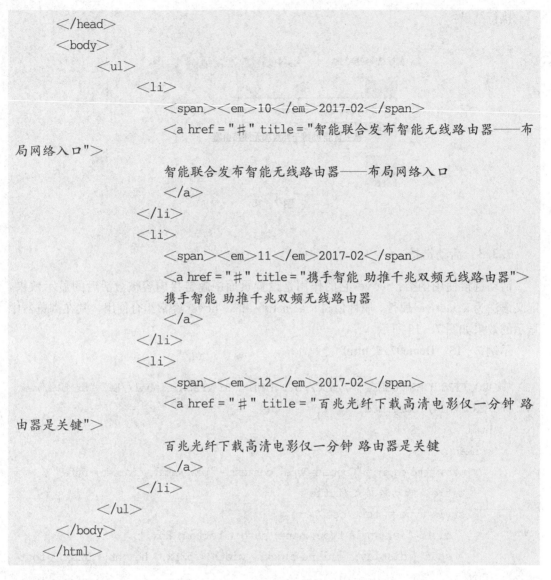

```
        </head>
        <body>
            <ul>
                <li>
                    <span><em>10</em>2017-02</span>
                    <a href = "#" title = "智能联合发布智能无线路由器——布
局网络入口">
                        智能联合发布智能无线路由器——布局网络入口
                    </a>
                </li>
                <li>
                    <span><em>11</em>2017-02</span>
                    <a href = "#" title = "携手智能 助推千兆双频无线路由器">
                        携手智能 助推千兆双频无线路由器
                    </a>
                </li>
                <li>
                    <span><em>12</em>2017-02</span>
                    <a href = "#" title = "百兆光纤下载高清电影仅一分钟 路
由器是关键">
                        百兆光纤下载高清电影仅一分钟 路由器是关键
                    </a>
                </li>
            </ul>
        </body>
    </html>
```

执行结果：

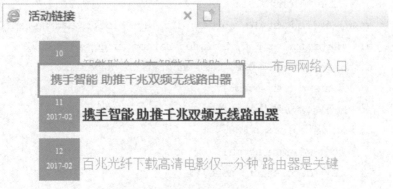

图 7-16

### 7.3.4 访问过的链接

访问过的链接使用伪类：visited，它的作用是设置页面超链接被访问后的显示效果，定义语法为 a: visited{属性: 属性值;}。a: visited 和 a: link 经常组合使用。其在浏览器中显示的效果如图 7 - 17 所示。

**示例 7 - 16 Demo0716. html**

```
<!DOCTYPE HTML PUBLIC "-//W3C//DTD HTML 4.01 Transitional//EN" "http://www.w3.org/TR/html4/loose.dtd">
<html>
  <head>
    <meta http-equiv = "Content-Type" content = "text/html; charset = utf-8" />
    <title>活动链接</title>
    <style type = "text/css">
        ul li{list-style-type: none; margin-bottom: 8px;}
        span{display: inline-block; width: 52px; height: 52px;
            font-size: 10px;
            text-align: center;
            background-color: #ff6600;
            color: #FFF;
            line-height: 18px;}
        span>em{font-style: normal;
            display: block;
            padding-top: 7px;}
        a: link{color: #F90;
            text-decoration: none;}
        a: hover{color: #000;
            text-decoration: underline;
            font-weight: bold;}
        a: active{color: #F00;
            font-weight: normal;
            text-decoration: none;}
        /*下面是已访问的链接样式*/
        a: visited{color: #396;}
    </style>
  </head>
  <body>
        <ul>
```

```
        <li>
                <span><em>10</em>2017-02</span>
                <a href="#" title="智能联合发布智能无线路由器——布局
网络入口">

                智能联合发布智能无线路由器——布局网络入口
                </a>
        </li>
        <li>
                <span><em>11</em>2017-02</span>
                <a href="#" title="携手智能 助推千兆双频无线路由器">
                携手智能 助推千兆双频无线路由器
                </a>
        </li>
        <li>
                <span><em>12</em>2017-02</span>
                <a href="#" title="百兆光纤下载高清电影仅一分钟 路由
器是关键">

                百兆光纤下载高清电影仅一分钟 路由器是关键
                </a>
        </li>
        </ul>
    </body>
  </html>
```

执行结果：

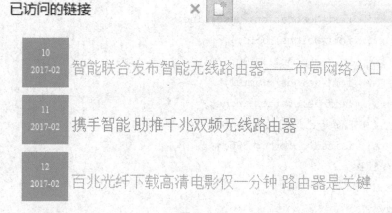

图 7-17

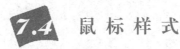

## 鼠 标 样 式

在网页制作过程中,我们会根据需求更改鼠标悬停在某个元素上时所显示的不同光标形状,在 CSS 中 cursor 属性恰好能满足这样的要求,它的作用是鼠标指针放在一个元素边界范围内时形成相应的光标形状。cursor 是一个可继承的属性,其定义语法为 cursor: 属性值。常用属性值的具体作用如表 7 - 9 所示。

表 7 - 9

| 属性值 | 作用 |
| --- | --- |
| default | 默认光标(通常是一个箭头) |
| auto | 默认浏览器设置的光标 |
| crosshair | 光标呈现为十字线 |
| pointer | 光标呈现为指示链接的指针(一只手) |
| move | 此光标指示某对象可被移动 |
| e-resize | 此光标指示矩形框的边缘可被向右(东)移动 |
| ne-resize | 此光标指示矩形框的边缘可被向上及向右移动(北/东) |
| nw-resize | 此光标指示矩形框的边缘可被向上及向左移动(北/西) |
| n-resize | 此光标指示矩形框的边缘可被向上(北)移动 |
| se-resize | 此光标指示矩形框的边缘可被向下及向右移动(南/东) |
| sw-resize | 此光标指示矩形框的边缘可被向下及向左移动(南/西) |
| s-resize | 此光标指示矩形框的边缘可被向下移动(南) |
| w-resize | 此光标指示矩形框的边缘可被向左移动(西) |
| text | 此光标指示文本 |
| wait | 此光标指示程序正忙(通常是一只表或一个沙漏) |
| help | 此光标指示可用的帮助(通常是一个问号或一个气球) |

下面通过具体实例,演示 cursor 属性的运用。其在浏览器中显示的效果如图 7 - 18 所示。

**示例 7 - 17　Demo0717. html**

```
<!DOCTYPE HTML PUBLIC "-//W3C//DTD HTML 4.01 Transitional//EN" "http://www.
w3.org/TR/html4/loose.dtd">
<html>
  <head>
    <meta http-equiv = "Content-Type" content = "text/html; charset = utf-8" />
```

```
<title>鼠标样式</title>
<style type = "text/css">
    div{width: 400px;
        background-color: #3CF;
        padding: 50px 0 50px 20px;
        cursor: move;/*将鼠标样式设置为可移动形状*/}
</style>
</head>
<body>
<div>
    (1).鼠标默认状态为箭头形状<br />
    (2).当鼠标悬停到此区域时,更改为可移动状态形状
</div>
</body>
</html>
```

执行结果:

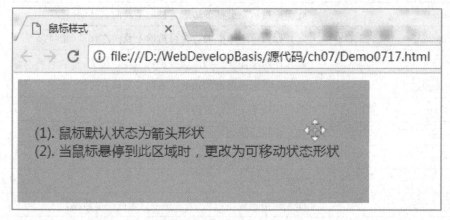

图 7 – 18

 列 表 设 置

　　ul 和 li 是 CSS 网页布局中的最重要元素之一,通过列表属性可以对 ul 和 li 的显示样式进行修饰。CSS 中常用的列表控制属性如表 7 – 10 所示。

表 7 - 10

| 属性 | 作用 |
|---|---|
| list-style-image | 设置列表图像符号 |
| list-style-type | 设置列表符号类型 |
| list-style-position | 设置列表符号位置 |
| list-style | 设置列表整体上列三种样式 |

### 7.5.1　列表图像符号

list-style-image 属性的作用是设置使用指定外部图片来作为列表项目编号的符号。list-style-image 是可继承属性,定义语法为 list-style-image: url | none。其在浏览器中显示的效果如图 7 - 19 所示。

**示例 7 - 18　Demo0718. html**

```
<!DOCTYPE HTML PUBLIC "-//W3C//DTD HTML 4.01 Transitional//EN" "http://www.
w3.org/TR/html4/loose.dtd">
<html>
  <head>
    <meta http-equiv = "Content-Type" content = "text/html; charset = utf-8" />
    <title>列表图片符号</title>
    <style type = "text/css">
      ul{list-style-image: url(Images/ListIcon.png);}
    </style>
  </head>
  <body>
    <ul>
        <li>钓鱼岛最新消息:中国鹰击 12 导弹在世界超音速反舰导弹排行第
一?</li>
        <li>钓鱼岛最新消息:中国将震撼出手:反击美军预警机入侵钓鱼岛
</li>
        <li>钓鱼岛最新消息:钓鱼岛事件引发的抵制日货历史思考</li>
        <li>钓鱼岛最新消息:中国驻日大使称日本应冷静对待钓鱼岛问题
</li>
        <li>钓鱼岛最新消息:国家海洋局局长称中国在维护海洋权益上绝不
退让</li>
    </ul>
  </body>
</html>
```

执行结果：

图 7 - 19

### 7.5.2 列表符号类型

list-style-type 属性的作用是设置列表 li 前项目符号的显示样式。list-style-type 是可继承属性,其定义语法为 list-style-type: 属性值。常用属性值的具体作用如表 7 - 11 所示。

表 7 - 11

| 属性值 | 作用 |
|---|---|
| disc | 设置为实心圆显示 |
| circle | 设置为空心圆显示 |
| square | 设置为实心方块显示 |
| decimal | 设置为阿拉伯数字显示 |
| lower-roman | 设置为小写罗马数字显示 |
| upper-roman | 设置为大写罗马数字显示 |
| lower-alpha | 设置为小写英文字母显示 |
| upper-alpha | 设置为大写英文字母显示 |
| none | 设置为不显示任何的项目符号 |

下面通过具体实例,演示列表符号类型的运用。其在浏览器中显示的效果如图 7 - 20 所示。

**示例 7 - 19　Demo0719. html**

```
<!DOCTYPE HTML PUBLIC "-//W3C//DTD HTML 4.01 Transitional//EN" "http://www.
w3.org/TR/html4/loose.dtd">
<html>
  <head>
    <meta http-equiv = "Content-Type" content = "text/html; charset = utf-8" />
    <title>列表符号类型</title>
```

```
<style type = "text/css">
    ul{list-style-type: none;}
    ul li{display: inline-block;
      margin-right: 10px;}
    a{background-color: #60F;
      padding: 5px 10px 5px 10px;}
    a: link, a: visited{text-decoration: none;
      color: #FFF;}
    a: hover, a: active{background-color: #F90;}
  </style>
</head>
<body>
  <ul>
    <li><a href = "#">高数</a></li>
      <li><a href = "#">英语</a></li>
      <li><a href = "#">大学语文</a></li>
      <li><a href = "#">计算机</a></li>
  </ul>
  </body>
</html>
```

执行结果：

图 7 - 20

### 7.5.3 列表符号位置

list-style-position 属性的作用是设置项目符号在列表中的显示位置。list-style-position 是不可继承的属性，其定义语法为 list-style-position: 属性值。常用属性值的具体作用如表 7 - 12 所示。

表 7 - 12

| 属性值 | 作用 |
| --- | --- |
| inside | 列表项目标记放置在文本以内，且环绕文本根据标记对齐 |
| outside | 默认值，保持标记位于文本的左侧，列表项目标记放置在文本以外，且环绕文本不根据标记对齐 |

下面通过具体实例,演示列表符号位置的运用。其在浏览器中显示的效果如图 7 - 21 所示。

**示例 7 - 20  Demo0720. html**

```
<!DOCTYPE HTML PUBLIC "-//W3C//DTD HTML 4.01 Transitional//EN" "http://www.
w3.org/TR/html4/loose.dtd">
<html>
  <head>
    <meta http-equiv = "Content-Type" content = "text/html; charset = utf-8" />
    <title>列表符号位置</title>
      <style type = "text/css">
            .list-inside{list-style-position: inside}
            .list-outside{list-style-position: outside}
      </style>
  </head>
  <body>
    <h2>inside 属性值: </h2>
    <ul class = "list-inside">
        <li>前端工程师: 职责是制作标准优化的代码,并增加交互动态功能
等。</li>
            <li>Java 工程师: 职责是完成软件的设计、开发、测试、修改 bug 等。
</a></li>
            <li>平面设计师: 职责是在二度空间的平面材质上,运用各种视觉
元素的组合及编排来表现其设计理念及形象的方式。</li>
        </ul>
    <h2>outside 属性值: </h2>
    <ul class = "list-outside">
        <li>前端工程师: 职责是制作标准优化的代码,并增加交互动态功能
等。</li>
            <li>Java 工程师: 职责是完成软件的设计、开发、测试、修改 bug 等。
</a></li>
            <li>平面设计师: 职责是在二度空间的平面材质上,运用各种视觉
元素的组合及编排来表现其设计理念及形象的方式。</li>
        </ul>
    </body>
</html>
```

执行结果：

**inside属性值：**

- 前端工程师：职责是制作标准优化的代码，并增加交互动态功能等。
- Java工程师：职责是完成软件的设计、开发、测试、修改bug等。
- 平面设计师：职责是在二度空间的平面材质上，运用各种视觉元素的组合及编排来表现其设计理念及形象的方式。

**outside属性值：**

- 前端工程师：职责是制作标准优化的代码，并增加交互动态功能等。
- Java工程师：职责是完成软件的设计、开发、测试、修改bug等。
- 平面设计师：职责是在二度空间的平面材质上，运用各种视觉元素的组合及编排来表现其设计理念及形象的方式。

图 7 - 21

 页面背景设置

页面背景即某页面的背景元素显示效果，它既可以是一种颜色，也可以是一幅图片。在进行页面整体定义操作时，其中首要定义的元素是背景色。由于页面的具体需求不同，页面的背景色也是多种多样的。在现实应用中，通常以如下两种元素作为背景进行设置：

- 背景颜色
- 背景图片

在接下来的内容中，我们将详细讲解上述两种背景效果的具体实现。

### 7.6.1 背景颜色

背景颜色即某页面元素的背景颜色或整个页面的背景颜色，定义语法为 background-color: 颜色值。其在浏览器中显示的效果如图 7 - 22 所示。

**示例 7 - 21 Demo0721. html**

```
<!DOCTYPE HTML PUBLIC "-//W3C//DTD HTML 4.01 Transitional//EN" "http://www.
w3.org/TR/html4/loose.dtd">
<html>
  <head>
    <meta http-equiv = "Content-Type" content = "text/html; charset = utf-8" />
    <title>背景颜色</title>
      <style type = "text/css">
      body{margin: 0;
```

```
            padding: 0;
            border: 0;
            background-color: ♯6FC;
            text-align: center;
            font-size: 30px;}
     .container{width: 900px;
            height: 600px;
            background-color: ♯FF3;
            margin: 0 auto;}
    </style>
  </head>
<body>
  <div class = "container">
         body 的背景颜色为翠绿色<br />
         div 容器的背景颜色为淡黄色
    </div>
  </body>
</html>
```

执行结果：

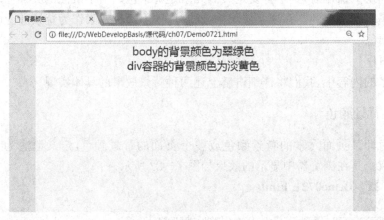

图 7 - 22

### 7.6.2 背景图片

background-image 属性的作用是设置页面元素的背景图片。background-image 是不可继承的属性，其定义语法为 background-image: 图片路径。其中的图片路径既可以是相对路径，也可以是绝对路径。在 CSS 中和背景图片有关的辅助属性有 3 类，分别是排列方式属性 background-repeat、背景定位属性 background-position 和随滚动轴的移动方式属性

background-attachment。它们的常用取值分别如表 7-13、7-14 和 7-15 所示。

表 7-13

| 属性值 | 作用 |
| --- | --- |
| repeat | 默认值。背景图片将向垂直和水平方向重复 |
| repeat-x | 只有水平位置会重复背景图片 |
| repeat-y | 只有垂直位置会重复背景图片 |
| no-repeat | 背景图片不会重复 |

表 7-14

| 属性值 | 作用 |
| --- | --- |
| 长度值 | 第一个值是水平位置,第二个值是垂直位置。左上角是 0,单位可以是像素(0px 0px)或任何其他 CSS 单位。如果仅指定了一个值,其他值将是 50%。可以混合使用%和 positions |
| 百分比 | 第一个值是水平位置,第二个值是垂直位置。左上角是 0%0%。右下角是 100%100%。如果仅指定了一个值,其他值将是 50%。默认值为 0%0% |
| top | 设置背景图片出现在容器的顶部 |
| bottom | 设置背景图片出现在容器的底部 |
| left | 设置背景图片出现在容器的左侧 |
| right | 设置背景图片出现在容器的右侧 |
| center | 设置背景图片出现在容器的中部 |

表 7-15

| 属性值 | 作用 |
| --- | --- |
| scroll | 默认值,背景图片随页面的其余部分滚动 |
| fixed | 背景图片是固定的 |

下面通过具体实例,演示背景图片的运用。其在浏览器中显示的效果如图 7-23 所示。

**示例 7-22　Demo0722. html**

```
<!DOCTYPE HTML PUBLIC "-//W3C//DTD HTML 4.01 Transitional//EN" "http://www.
w3.org/TR/html4/loose.dtd">
<html>
  <head>
    <meta http-equiv = "Content-Type" content = "text/html; charset = utf-8" />
    <title>背景图片</title>
    <style type = "text/css">
      body{margin: 0;
```

```
            padding: 0;
            border: 0;
            background-color: ♯CCC;}
    .container{width: 800px;
            height: 380px;
            margin: 0 auto;
            background-color: ♯FFF;
            background-image: url(url(22.jpg));
            background-repeat: no-repeat;
            background-position: right bottom;
            }
    </style>
  </head>
  <body>
    <div class = "container">
    </div>
  </body>
</html>
```

执行结果：

图 7 - 23

### 7.6.3 整体设置元素背景

在前面我们讲解了如何设置背景颜色、背景图片、背景排列方式、背景定位、背景随滚动轴的移动方式等相关属性。背景缩写属性可以在一个声明中设置所有的背景属性,其语法定义为 background: background-color background-image background-repeat background-position background-attachment。这里我们将图 7 - 23 的示例代码进行修改。

```
.container{width: 800px;
  height: 380px;
  margin: 0 auto;
  /* background-color: #FFF;
  background-image: url(lmages/22.png);
  background-repeat: no-repeat;
  background-position: right bottom;*/
  /* 与上列代码效果相同*/
  background: #FFF url(lmages/22.png)no-repeat: right bottom;}
```

透 明 度

在网页制作过程中,需要调整某些元素的透明度,在 CSS 中 opacity 属性恰好能满足这样的需求,它的作用是设置元素透明度级别。opacity 是一个不可继承的属性,其定义语法为 opacity: 透明度值。opacity 属性值从 0.0~1.0,值越小,使得元素更加透明。IE 8 或早期版本使用滤镜 filter: alpha(opacity=x),x 可以设置的值从 0~100,较低的值,使得元素更加透明。其在浏览器中显示的效果如图 7 - 24 所示。

**示例 7 - 23 Demo0723. html**

```
<!DOCTYPE HTML PUBLIC "-//W3C//DTD HTML 4.01 Transitional//EN" "http://www.
w3.org/TR/html4/loose.dtd">
<html>
  <head>
    <meta http-equiv = "Content-Type" content = "text/html; charset = utf-8" />
    <title>透明度</title>
    <style type = "text/css">
      .info {margin: 8px;
          border: 1px solid #ccc;
          float: left;
          width: 210px;}
      /* 设置初始透明度*/
      .info img {width: 100%;
          height: 120px;
          border: 0;
          opacity: 0.5;/* 设置透明度*/
```

```
            filter: alpha(opacity = 50);/*滤镜,IE 8 及以下版本支持的透明度
样式*/}
            /*设置鼠标悬停更改透明度*/
        .info img: hover{opacity: 1;
            filter: alpha(opacity = 100);}
        .text{padding: 15px;
            text-align: center;}
    </style>
  </head>
  <body>
      <div class = "info">
          <a target = "_blank" href = "Images/1.jpg">
          <img src = "Images/1.jpg" alt = "图片文本描述" />
          </a>
          <div class = "text">自然风景(1)</div>
      </div>
              <div class = "info">
          <a target = "_blank" href = "Images/2.jpg">
          <img src = "Images/2.jpg" alt = "图片文本描述" />
          </a>
          <div class = "text">自然风景(2)</div>
      </div>
              <div class = "info">
          <a target = "_blank" href = "Images/3.jpg">
          <img src = "Images/3.jpg" alt = "图片文本描述" />
          </a>
          <div class = "text">自然风景(3)</div>
      </div>
      <div class = "info">
          <a target = "_blank" href = "Images/4.jpg">
          <img src = "Images/4.jpg" alt = "图片文本描述" />
          </a>
          <div class = "text">自然风景(4)</div>
      </div>
  </body>
</html>
```

执行结果:

图 7 – 24

# 7.8　上 机 练 习

- 上机练习 1:制作个人网站。
- ◆ 需求说明
  - 在磁盘上新建文件夹,名称为"晚风低吟"。在该文件夹中创建 images 文件夹,用于存放站点所用的图像文件和样式表文件。将图像素材复制到 images 文件夹中。
  - 在站点中新建网页文件,名称为 index. html。
效果如图 7 – 25 所示。

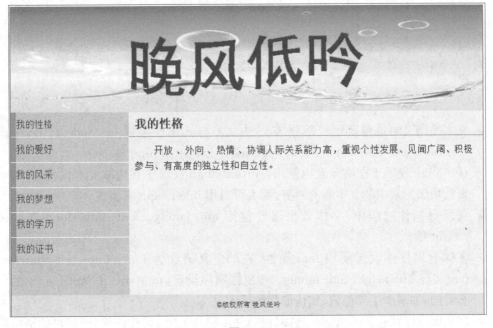

图 7 – 25

- 上机练习 2：制作环保网站。
- ◆ 需求说明
  - 使用外部样式表创建页面样式。
  - 页面中所有字体颜色为 black。
  - 一级标题字体大小 20px，行距 35px，加粗显示；二级标题字体大小 18px，行距 22px，加粗显示。
  - 正文内容字体大小 14px，行距 22px；效果如图 7 - 26 所示。

图 7 - 26

# 小　结

- ➤ 文本是网页的最重要组成部分，CSS 中文本样式属性包括 text-indent、text-align、vertical-align、line-height、letter-spacing、text-decoration 等。
- ➤ text-align 仅限于在块元素内使用，vertical-align 仅限于在内联元素内使用，如果需要让块级元素中的文本垂直对齐，那么可以用 line-height 来实现。
- ➤ 在网页制作过程中，字体效果属性包括 font-family、font-style、font-size、font-weight 等。
- ➤ 字体效果整体设置使用 font 属性，它的定义语法为 font: font-style font-weight font-size/line-height font-family。按属性顺序设置，font-size 和 font-family 的值是必需的，如缺少了其他值，默认值将被插入。
- ➤ 链接属性设置包括了未访问链接、鼠标悬停链接上时、活动链接、访问过的链接等状态样式。

➢ cursor 属性的作用是指鼠标指针放在一个元素边界范围内时所用的光标形状。

➢ 使用 background-color 属性可以设置某页面元素的背景颜色或整个页面的背景颜色。

➢ 使用 background-image 属性可以设置页面元素的背景图片,与它有关的辅助属性有 3 类,分别是排列方式属性 background-repeat、背景定位属性 background-position 和随滚动轴的移动方式属性 background-attachment。

➢ 列表显示样式修饰属性分别有 list-style-image、list-style-type、list-style-position 和 list-style。

➢ opacity 属性的作用是设置元素透明度级别,如果使用的浏览器为 IE 8 或早期版本,则使用滤镜 filter: alpha(opacity=x)来处理元素透明度效果。

# 设计网页布局的 CSS ///////////////////////////////////

**项目** **重点**

- 会使用 display 属性排版网页元素
- 会使用 float 属性排版网页元素
- 会使用 4 种防止父级边框塌陷的清除浮动的方法
- 会使用 position 定位网页元素
- 会使用 z-index 属性调整定位元素的堆叠次序

通过上一个项目的学习，我们熟悉了使用 CSS 设置文本样式、字体效果、链接属性、鼠标样式、列表、背景、透明度等。本项目我们将学习网页设计中如何实现页面内容的整体布局，只有布局后才能将内容填充到页面中。我们将通过具体的实例来介绍 CSS 页面布局的基本知识。

 **标准文档流中元素的排列**

在进行网页布局排版之前先来了解一个概念，那就是标准文档流。标准文档流是指元素根据块元素或行内元素的特征按从上到下、从左到右的方式自然排列，这也是元素默认的排列方式。

### 8.1.1 块元素的排列

当页面中块元素在没有任何布局样式指定时，默认排列方式是各占一行排列。下面通过实例展示块元素的排列方式，其在浏览器中显示的效果如图 8-1 所示。

示例 8-1 Demo0801.html

```
<!DOCTYPE HTML PUBLIC "-//W3C//DTD HTML 4.01 Transitional//EN" "http://www.
w3.org/TR/html4/loose.dtd">
<html>
  <head>
```

```
          <meta http-equiv = "Content-Type" content = "text/html; charset = utf-8" />
          <title>块级元素的排序方式</title>
            <style type = "text/css">
                .top{width: 400px;
                    height: 200px;
                    background-color: #60F;}
                .bottom{width: 500px;
                    height: 200px;
                    background-color: #F60;}
            </style>
          </head>
          <body>
            <div class = "top"></div>
            <div class = "bottom"></div>
          </body>
        </html>
```

执行结果：

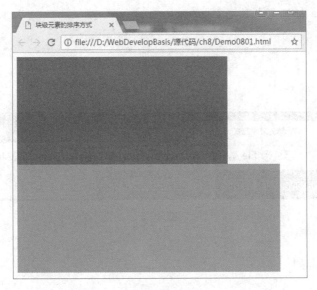

图 8-1

### 8.1.2 内联元素排列

页面中的内联元素在没有任何布局样式指定时，默认排列方式是顺序同行排列，直到宽度超出包含它容器本身的宽度时才自动换行。下面通过实例展示内联元素的排列方式，其在浏览器中显示的效果如图 8-2 所示。

示例 8-2　Demo0802. html

```
<!DOCTYPE HTML PUBLIC "-//W3C//DTD HTML 4.01 Transitional//EN" "http://www.
w3.org/TR/html4/loose.dtd">
<html>
  <head>
    <meta http-equiv = "Content-Type" content = "text/html; charset = utf-8" />
    <title>内联元素的排序方式</title>
      <style type = "text/css">
          span{background-color: #60F;
              color: #FFF;
              padding: 10px;}
          em{background-color: #F60;
              color: #FFF;
              padding: 10px;}
      </style>
  </head>
  <body>
    <span>span 标签是内联元素</span>
    <em>em 标签是内联元素</em>
  </body>
</html>
```

执行结果：

图 8-2

### 8.1.3　混合排列

混合排列是指在页面中既有块元素又有内联元素时的排列方式。在没有任何布局样式指定时，块元素不允许任何元素排列在它两边显示，所以每当遇到块元素时将自动另起一行显示。下面通过实例展示内联元素的排列方式，其在浏览器中显示的效果如图 8-3 所示。

示例 8-3　Demo0803. html

```
<!DOCTYPE HTML PUBLIC "-//W3C//DTD HTML 4.01 Transitional//EN" "http://www.
w3.org/TR/html4/loose.dtd">
```

```
<html>
  <head>
    <meta http-equiv = "Content-Type" content = "text/html; charset = utf-8" />
    <title>混合排序方式</title>
      <style type = "text/css">
          div, h3{background-color: #60F;
              color: #FFF;}
          em, span{background-color: #F60;
              color: #FFF;}
      </style>
  </head>
  <body>
    <div>div 标签是块级元素</div>
    <span>span 标签是内联元素</span>
    <h3>h3 标签是块级元素</h3>
    <em>em 标签是内联元素</em>
  </body>
</html>
```

执行结果：

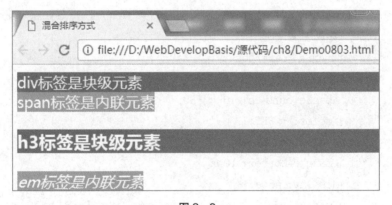

图 8 - 3

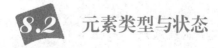

## 8.2 元素类型与状态

通过前面的学习，我们已经基本了解标准文档流有两种元素，即块级元素和内联元素。
而对于这些元素，有一个专门的属性来控制它们的显示方式，这个属性就是 display 属性。

### 8.2.1 display 属性

更改元素类型 display 属性的作用是规定元素应该生成的框的类型。display 属性是不可继承的属性,其定义语法为 display: 属性值。常用属性值的具体作用如表 8-1 所示。

表 8-1

| 属性值 | 作用 |
|---|---|
| none | 此元素不会被显示,所占空间也会被清除 |
| block | 此元素将显示为块元素,此元素前后会带有换行符 |
| inline | 默认。此元素会被显示为内联元素,元素前后没有换行符 |
| inline-block | 行内块元素 |

下面通过具体实例演示 display 属性的运用。其在浏览器中显示的效果如图 8-4 所示。

**示例 8-4  Demo0804. html**

```
<!DOCTYPE HTML PUBLIC "-//W3C//DTD HTML 4.01 Transitional//EN" "http://www.
w3.org/TR/html4/loose.dtd">
<html>
 <head>
  <meta http-equiv = "Content-Type" content = "text/html; charset = utf-8" />
  <title>更改元素类型</title>
   <style type = "text/css">
      span, em, a{
          background-color: #F30;
          color: #FFF;}
      span{display: block;
          margin-bottom: 10px;}
      em{display: none;}
          div{display: inline-block;background-color: #F30;}
   </style>
 </head>
 <body>
 <span>span 标签是内联元素</span>
 <em>em 标签是内联元素,元素隐藏,但是不占据空间</em>
 <a href = "#">a 标签是内联元素</a>
 <div>我是块级元素</div>
```

```
<div>我是块级元素</div>
  </body>
</html>
```

执行结果：

图 8-4

### 8.2.2 元素的显示状态

visibility 属性的作用是决定页面的某元素是否显示。visibility 属性是可继承的属性，其定义语法为 visibility：属性值。常用属性值的具体作用如表 8-2 所示。

表 8-2

| 属性值 | 作用 |
|---|---|
| visible | 默认值，元素是可见的 |
| hidden | 元素是不可见的 |

下面通过具体实例演示 visibility 属性的运用，其在浏览器中显示的效果如图 8-5 所示。

**示例 8-5  Demo0805.html**

```
<!DOCTYPE HTML PUBLIC "-//W3C//DTD HTML 4.01 Transitional//EN" "http://www.w3.org/TR/html4/loose.dtd">
<html>
  <head>
    <meta http-equiv = "Content-Type" content = "text/html; charset = utf-8" />
    <title>更改元素类型</title>
    <style type = "text/css">
        div{visibility: hidden;}
    </style>
  </head>
  <body>
```

```
        <span>span 标签是内联元素</span>
        <div>隐藏的 div 标签,但此区域会被占据。</div>
        <a href = "#">a 标签是内联元素</a>
    </body>
</html>
```

执行结果:

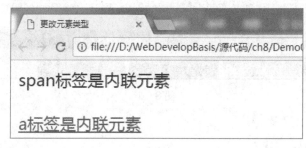

图 8-5

## 8.3 浮 动 属 性

浮动属性是网页布局中的常用属性之一,通过浮动属性不但可以很好地实现页面布局,而且可以制作导航条等页面元素。下面我们将向大家详细讲解浮动属性的基本知识,并通过具体的实例来进行分析介绍。

### 8.3.1 浮动属性简介

float 属性也被称为浮动属性,这个词非常形象。float 属性是不可继承的属性,其定义语法为 float: 属性值。常用属性值的具体作用如表 8-3 所示。

表 8-3

| 属性值 | 作用 |
| --- | --- |
| left | 设置元素向左浮动 |
| right | 设置元素向右浮动 |
| none | 默认值,设置元素不浮动 |

下面通过具体实例演示浮动的运用,其在浏览器中显示的效果如图 8-6 所示。

**示例 8-6    Demo0806.html**

```
    <!DOCTYPE HTML PUBLIC "-//W3C//DTD HTML 4.01 Transitional//EN" "http://www.
w3.org/TR/html4/loose.dtd">
```

```html
<html>
  <head>
    <meta http-equiv = "Content-Type" content = "text/html; charset = utf-8" />
    <title>浮动属性</title>
      <style type = "text/css">
          div{width: 300px;
              height: 200px;
              font-size: 24px;
              color: #FFF;
              text-align: center;
              line-height: 200px;}
          .f-left{background-color: #F00;
              float: left;}
          .f-right{background-color: #00F;
              float: right;}
      </style>
  </head>
  <body>
    <div class = "f-left"><-- 元素向左侧浮动</div>
    <div class = "f-right">元素向右侧浮动 --></div>
  </body>
</html>
```

执行结果:

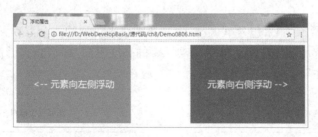

图 8-6

### 8.3.2 元素浮动的原理

元素浮动的框可以向左或向右移动,直到它的外边缘碰到包含框或另一个元素浮动框的边框为止。由于元素浮动框不在文档的普通流中,所以文档的普通流中的块框表现得就像元素浮动框不存在一样。请看图 8-7(1)所示,当把框 1 向右浮动时,它脱离文档流并且向右移动,直到它的右边缘碰到包含框的右边缘。

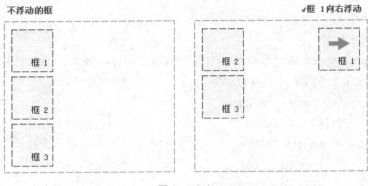

图 8-7(1)

再看图 8-7(2)所示,当框1向左浮动时,它脱离文档流并且向左移动,直到它的左边缘碰到包含框的左边缘。因为它不再处于文档流中,所以它不占据空间,实际上覆盖住了框2,使框2从视图中消失。如果把所有3个框都向左移动,那么框1向左浮动直到碰到包含框,另外两个框向左浮动直到碰到前一个浮动框。

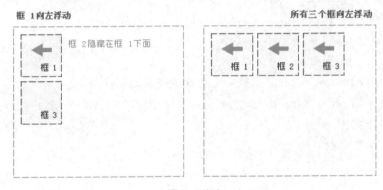

图 8-7(2)

如图 8-7(3)所示,如果包含框太窄,无法容纳水平排列的3个浮动元素,那么其他浮动块向下移动,直到有足够的空间。如果浮动元素的高度不同,那么当它们向下移动时可能被其他浮动元素"卡住"。

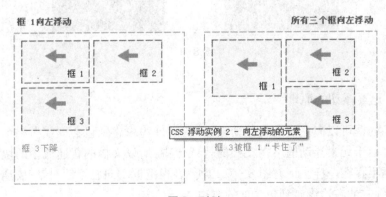

图 8-7(3)

### 8.3.3  图文并茂效果

元素浮动框旁边的行框被缩短,从而给元素浮动框留出空间,行框围绕浮动框。因此,创建元素浮动框可以使文本围绕图像,请看图 8-7(4)所示。

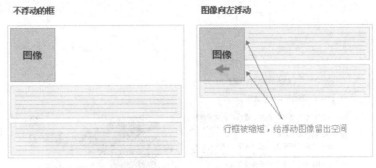

图 8-7(4)

下面通过具体实例演示使用浮动制作图文并茂的效果,其在浏览器中显示的效果如图 8-8 所示。

**示例 8-7    Demo0807. html**

```
<!DOCTYPE HTML PUBLIC "-//W3C//DTD HTML 4.01 Transitional//EN" "http://www.
w3.org/TR/html4/loose.dtd">
<html>
 <head>
  <meta http-equiv = "Content-Type" content = "text/html; charset = utf-8" />
  <title>使用浮动制作图文并茂效果</title>
   <style type = "text/css">
      div{height: 460px;
         width: 650px;}
      p{text-indent: 32px; margin-bottom: -10px;}
      img{width: 300px; height: 210px;float: right;padding: 5px;}
   </style>
 </head>
 <body>
  <div>
      <img src = "news.jpg"/>
      <p>学院教室、宿舍、食堂、操场、礼堂等集中统一,园区专门配套了健身
中心、医疗中心、创客中心、商业服务中心。</p>
      <p>所有功能设施全属一园。保证了学生在校期间的学习和生活环境的
一体化需求。学院和园区就安全和健康作为重要保障措施落实。</p>
```

```
    <p>所有功能设施区域(教学楼、宿舍楼、食堂、操场等)都"双重管理,双重
保障"为学生提供放心安心静心的在校措施。让家长放心,让学生放心。</p>
        </div>
    </body>
</html>
```

执行结果:

图 8 - 8

### 8.3.4 清除浮动属性

因为在不同的浏览器中浮动属性的显示效果会不同,所以为满足特殊需求,有时需要清除这些浮动属性。下面我们将向大家详细讲解清除浮动属性的具体方法,并通过具体的实例来进行分析介绍。

清除浮动 clear 属性的作用是清除页面元素的浮动。clear 属性是不可继承的属性,其定义语法为 clear: 属性值。常用属性值的具体作用如表 8 - 4 所示。

表 8 - 4

| 属性值 | 作用 |
| --- | --- |
| left | 清除左侧有浮动的属性 |
| right | 清除右侧有浮动的属性 |
| both | 清除两侧有浮动的属性 |
| none | 默认值,允许两侧存在浮动属性 |

下面通过具体实例演示清除浮动属性,其在浏览器中显示的效果如图 8 - 9 所示。

**示例 8 - 8　Demo0808.html**

```
<!DOCTYPE HTML PUBLIC "-//W3C//DTD HTML 4.01 Transitional//EN" "http://www.
w3.org/TR/html4/loose.dtd">
```

```
<html>
  <head>
    <meta http-equiv = "Content-Type" content = "text/html; charset = utf-8" />
    <title>清除浮动属性</title>
      <style type = "text/css">
          * {color: #FFF;
              text-align: center;}
          .f-left{width: 300px;
              height: 200px;
              background-color: #F00;
              float: left;
              border: 2px #000000 dashed;
              }
          .clear-f{width: 600px;
              height: 200px;
              background-color: #00F;
              clear: left;
              border: 4px #000000 dashed;}
      </style>
  </head>
  <body>
          <div class = "f-left">元素向左浮动框 1</div>
          <div class = "f-left">元素向左浮动框 2 </div>
          <div class = "clear-f">清除两侧的浮动属性框 3</div>
  </body>
</html>
```

执行结果：

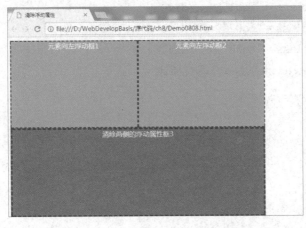

图 8-9

### 8.3.5 解决父级边框塌陷的方法

上面介绍了如何使用 clear 属性给元素清除浮动来避免对其他元素造成的影响,那么如何让父级元素在视觉上包围浮动元素呢? 下面给大家介绍几种清除浮动的方法。

1. 浮动元素后面加空 div

在所有浮动的<div>后面增加一个空<div>,并在空的<div>里面设置清除浮动。其在浏览器中显示的效果如图 8-10 所示。

**示例 8-9　Demo0809. html**

```
<!DOCTYPE HTML PUBLIC "-//W3C//DTD HTML 4.01 Transitional//EN" "http://www.
w3.org/TR/html4/loose.dtd">
<html>
<head>
<meta http-equiv = "Content-Type" content = "text/html; charset = utf-8" />
<title>解决父级边框塌陷的方法1</title>
<style type = "text/css">
    #father{border: 5px solid #000; background-color: #999;}
    .bg01{height: 200px; width: 300px; background-color: red; float:
left;}
    .bg02 { height: 200px; width: 300px; background-color: yellow;
float: right;}
    .bg03 { height: 200px; width: 300px; background-color: skyblue;
float: left;}
    .clear{clear: both;}
</style>
</head>
<body>
<div id = "father">
    <div class = "bg01"></div>
    <div class = "bg02"></div>
    <div class = "bg03"></div>
    <div class = "clear"></div>
</div>
</body>
</html>
```

执行结果：

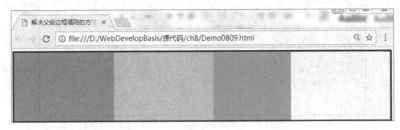

图 8 - 10

### 2. 设置父元素的高度

父级边框坍塌，包不住里面的浮动子元素，那么就给父级元素设置固定的高度，把边框撑开。其在浏览器中显示的效果如图 8 - 11 所示。

**示例 8 - 10    Demo0810. html**

```
<!DOCTYPE HTML PUBLIC "-//W3C//DTD HTML 4.01 Transitional//EN" "http://www.
w3.org/TR/html4/loose.dtd">
<html>
  <head>
    <meta http-equiv = "Content-Type" content = "text/html; charset = utf-8" />
    <title>解决父级边框塌陷的方法 2</title>
    <style type = "text/css">
        #father{border: 5px solid #000;height: 300px}
        .bg01{height: 200px; width: 300px; background-color: red; float:
left;}
        .bg02 { height: 200px; width: 300px; background-color: yellow;
float: right;}
        .bg03 { height: 200px; width: 300px; background-color: skyblue;
float: left;}
    </style>
  </head>
  <body>
  <div id = "father">
    <div class = "bg01"></div>
    <div class = "bg02"></div>
    <div class = "bg03"></div>
  </div>
  </body>
</html>
```

执行结果：

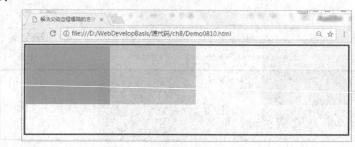

图 8 – 11

3. 父级添加 overflow 属性

在 CSS 中 overflow 属性可以用来清除浮动，只需设置外层盒子的 overflow 属性值为 hidden 即可。其在浏览器中显示的效果如图 8 – 12 所示。

**示例 8 – 11　Demo0811. html**

```
<!DOCTYPE HTML PUBLIC "-//W3C//DTD HTML 4.01 Transitional//EN" "http://www.
w3.org/TR/html4/loose.dtd">
<html>
  <head>
    <meta http-equiv = "Content-Type" content = "text/html; charset = utf-8" />
    <title>解决父级边框塌陷的方法3</title>
      <style type = "text/css">
          #father{border: 5px solid #000;overflow: hidden}
          .bg01{height: 200px; width: 300px; background-color: red; float:
left;}
          .bg02 { height: 200px; width: 300px; background-color: yellow;
float: right;}
          .bg03 { height: 200px; width: 300px; background-color: skyblue;
float: left;}
      </style>
  </head>
  <body>
    <div id = "father">
      <div class = "bg01"></div>
      <div class = "bg02"></div>
      <div class = "bg03"></div>
    </div>
  </body>
</html>
```

执行结果：

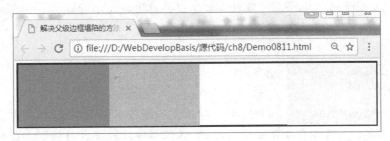

图 8 - 12

overflow 属性可以解决浮动引发的问题，那 overflow 属性到底是什么意思呢？其实，对于处理盒子中的内容溢出，CSS 提供了 overflow 属性来进行控制。overflow 属性的作用是设置页面元素只显示一定的内容，并且不会产生额外的影响。overflow 属性是一个不可继承的属性，其定义语法为 overflow：属性值。常用属性值的具体作用如表 8 - 5 所示。

表 8 - 5

| 属性值 | 作用 |
| --- | --- |
| visible | 默认值，内容不会被裁剪，会呈现在元素框之外 |
| auto | 如果内容被裁剪，则浏览器会显示滚动条以便查看其余的内容 |
| scroll | 内容会被裁剪，但是浏览器会显示滚动条以便查看其余的内容 |
| hidden | 内容会被裁剪，并且其余内容是不可见的 |

下面通过具体实例演示 overflow 属性的运用。其在浏览器中显示的效果如图 8 - 13 所示。

**示例 8 - 12　Demo0812. html**

```
<!DOCTYPE HTML PUBLIC "-//W3C//DTD HTML 4.01 Transitional//EN" "http://www.
w3.org/TR/html4/loose.dtd">
<html>
  <head>
    <meta http-equiv = "Content-Type" content = "text/html; charset = utf-8" />
    <title>overflow 属性</title>
    <style type = "text/css">
        div{width: 220px;
            height: 130px;
            margin-right: 20px;
            float: left;
            border: #000 2px solid;}
        .left{background-color: #FC6;}
```

```
                .right{background-color: #0EE;
                overflow: auto;/*设置内容超出当前区域大小时裁剪其内容并显示滚动
条*/}
            </style>
        </head>
        <body>
                <div class = "left">软件学院是一家技术型高端 IT 人才教育学院。平
台联合著名国际厂商为学员提供知识与技能、认证与学历的提升与保障。提供基 O2O 模
式的线上线下全周期的教育服务运营模式。某大型网络公司作为战略合作伙伴,整合其
强大的云平台计算和大数据资源,为规划学员的职业发展路径提供可视化学习、分析和指
导保障。</div>
                <div class = "right">软件学院是一家技术型高端 IT 人才教育学院。平
台联合著名国际厂商为学员提供知识与技能、认证与学历的提升与保障。提供基 O2O 模
式的线上线下全周期的教育服务运营模式。某大型网络公司作为战略合作伙伴,整合其
强大的云平台计算和大数据资源,为规划学员的职业发展路径提供可视化学习、分析和指
导保障。</div>
        </body>
    </html>
```

执行结果:

图 8 - 13

4. 父级添加伪类 after

清除浮动让父级边框不坍塌,可以在父级元素添加 after 伪类,没有任何副作用,推荐使用。其在浏览器中显示的效果如图 8 - 14 所示。

**示例 8 - 13　Demo0813.html**

```
<!DOCTYPE HTML PUBLIC "-//W3C//DTD HTML 4.01 Transitional//EN" "http://www.
w3.org/TR/html4/loose.dtd">
```

```
<html>
  <head>
    <meta http-equiv = "Content-Type" content = "text/html; charset = utf-8" />
    <title>解决父级边框塌陷的方法 4</title>
      <style type = "text/css">
          #father{border: 5px solid #000; overflow: hidden}
          .clear: after{content: ";display: block; clear: both;}
          .bg01{height: 200px; width: 300px; background-color: red; float:
left;}
          .bg02 {height: 200px; width: 300px; background-color: yellow;
float: right;}
          .bg03 {height: 200px; width: 300px; background-color: skyblue;
float: left;}
      </style>
  </head>
  <body>
    <div id = "father" class = "clear">
      <div class = "bg01"></div>
      <div class = "bg02"></div>
      <div class = "bg03"></div>
    </div>
  </body>
</html>
```

执行结果：

图 8 - 14

## 8.4　定位属性

网页设计中的定位属性主要包括定位方式、边偏移和层叠方式属性。下面将对上述 3

种定位属性进行详细讲解。

### 8.4.1 positon 属性

定位方式的属性为 position,它是不可继承的属性,其定义语法为 position:属性值。常用属性值的具体作用如表 8-6 所示。

表 8-6

| 属性值 | 作用 |
| --- | --- |
| static | 默认值,没有定位,元素出现在正常的流中 |
| absolute | 生成绝对定位的元素,相对于 static 定位以外的第一个父元素进行定位<br>元素的位置通过"left""top""right"及"bottom"属性进行规定 |
| relative | 生成相对定位的元素,相对于其正常位置进行定位<br>元素的位置通过"left""top""right"及"bottom"属性进行规定 |
| fixed | 生成绝对定位的元素,相对于浏览器窗口进行定位<br>元素的位置通过"left""top""right"及"bottom"属性进行规定 |

下面通过具体实例演示 position 属性的运用。

1. relative

◆ 设置相对定位的盒子,会相对它原来的初始位置来定位。

◆ 设置相对定位的盒子,原来的位置会被保留下来,它对父级盒子和相邻的盒子都没有任何影响。

◆ 层级提高,可以把标准文档流中的元素及互动元素盖在下面。

其在浏览器中显示的效果如图 8-15 所示。

**示例 8-14　Demo0814. html**

```
<!DOCTYPE HTML PUBLIC "-//W3C//DTD HTML 4.01 Transitional//EN" "http://www.
w3.org/TR/html4/loose.dtd">
<html>
 <head>
  <meta http-equiv = "Content-Type" content = "text/html; charset = utf-8" />
  <title>relative</title>
   <style type = "text/css">
      #father{border: 5px dashed red; padding: 30px; font-size: 50px;}
      p{height: 200px; width: 500px;}
      .one{background-color: skyblue;}
      .two { background-color: yellow; position: relative; top: 20px;
left: 100px;}
      .three{background-color: green;}
   </style>
```

```
    </head>
    <body>
  <div id = "father">
      <p class = "one">我是第一个 P 元素</p>
      <p class = "two">我是第二个 P 元素</p>
      <p class = "three">我是第三个 P 元素</p>
  </div>
    </body>
  </html>
```

执行结果：

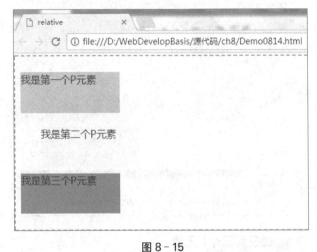

图 8 - 15

### 2. absolute

使用了绝对定位的元素，是以它最近的一个"已设置非 static 定位属性"的"父级"元素为基准进行定位。如果没有"已设置非 static 定位属性"的父级元素，就会一直往上找（父级的父级……），都没有的话就相对浏览器窗口进行定位。其在浏览器中显示的效果如图 8 - 16 所示。

**示例 8 - 15　Demo0815. html**

```
  <!DOCTYPE HTML PUBLIC "-//W3C//DTD HTML 4.01 Transitional//EN" "http://www.
w3.org/TR/html4/loose.dtd">
  <html>
    <head>
      <meta http-equiv = "Content-Type" content = "text/html; charset = utf-8" />
      <title>absolute</title>
        <style type = "text/css">
```

```
            #father{border: 5px dashed red; padding: 30px; font-size: 50px;
position: relative;}
            p{height: 200px; width: 500px;}
            .one{background-color: skyblue;}
            .two{background-color: yellow; position: absolute; top: 20px;
left: 100px;}
            .three{background-color: green;}
        </style>
    </head>
    <body>
    <div id = "father">
        <p class = "one">我是第一个P元素</p>
        <p class = "two">我是第二个P元素</p>
        <p class = "three">我是第三个P元素</p>
    </div>
    </body>
</html>
```

执行结果：

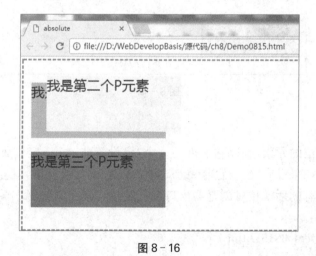

图 8 - 16

3. fixed

position: fixed;即固定定位,定位的基准是浏览器窗口。其在浏览器中显示的效果如图 8 - 17 所示。

**示例 8 - 16　Demo0816. html**

```
    <!DOCTYPE HTML PUBLIC "-//W3C//DTD HTML 4.01 Transitional//EN" "http://www.
w3.org/TR/html4/loose.dtd">
```

```
<html>
  <head>
    <meta http-equiv = "Content-Type" content = "text/html; charset = utf-8" />
    <title>fixed</title>
      <style type = "text/css">
          #father{border: 5px dashed red; padding: 30px; font-size: 50px;}
          p{height: 200px; width: 500px;}
          .one{background-color: skyblue;}
          .two { background-color: yellow; position: fixed; top: 300px;
left: 0;}
          .three{background-color: green;}
      </style>
  </head>
  <body>
  <div id = "father">
      <p class = "one">我是第一个P元素</p>
      <p class = "two">我是第二个P元素</p>
      <p class = "three">我是第三个P元素</p>
  </div>
  </body>
</html>
```

执行结果：

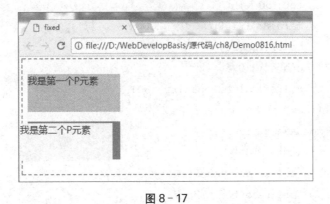

图 8－17

### 8.4.2 边偏移

元素定位的边偏移主要作用是设置定位元素距离四周的偏移位置，其定义语法为 top｜right｜bottom｜left: auto｜长度值｜百分比值。常用属性值的具体作用如表 8－7 所示。

表 8-7

| 属性 | 作用 |
|---|---|
| top | 定义元素相对于其父元素上边线的距离 |
| right | 定义元素相对于其父元素右边线的距离 |
| bottom | 定义元素相对于其父元素下边线的距离 |
| left | 定义元素相对于其父元素左边线的距离 |

下面通过具体实例,使用绝对定位和边偏移实现区域居中。其在浏览器中显示的效果如图 8-18 所示。

**示例 8-17　Demo0817. html**

```
<!DOCTYPE HTML PUBLIC "-//W3C//DTD HTML 4.01 Transitional//EN" "http://www.w3.org/TR/html4/loose.dtd">
<html>
  <head>
    <meta http-equiv = "Content-Type" content = "text/html; charset = utf-8" />
    <title>边偏移实现居中</title>
      <style type = "text/css">
          .container{width: 400px;
              height: 200px;
              background-color: #06F;
              position: absolute;
              left: 50%;
              top: 50%;
              margin: -100px 0 0 -200px;
              color: #FFF;
              opacity: 0.6;
              filter: alpha(opacity = 60);}
          h1{text-align: center;}
          .container div{
              width: 100%;
              text-align: center;
              margin-bottom: 12px;}
      </style>
  </head>
  <body>
    <div class = "container">
        <h1>用户登录</h1>
```

```
<form>
    <div>账号：<input type = "text" /></div>
    <div>密码：<input type = "password" /></div>
    <div>
        <input type = "submit" value = "提　交" />
        <input type = "reset" value = "重　置" />
    </div>
</form>
</div>
</body>
</html>
```

执行结果：

图 8 - 18

### 8.4.3　层叠方式

在我们使用定位方式的情况下，需要控制元素在网页中的堆叠顺序。z-index 属性可以设置元素的堆叠顺序。z-index 表示除计算机屏幕上水平和垂直的两维外，指向计算机屏幕的第三维。我们也可以将 z-index 看作是一本书籍在一摞书籍中的相对位置。靠近顶部书籍的 z-index 比下面的书籍大。同样，堆叠元素时，z-index 值较大的元素在 z-index 值较小的元素上。z-index 属性用于设置一个数值，数值越大将堆叠在顶层；反之，数值越小将堆叠在底层。其在浏览器中显示的效果如图 8 - 19 所示。

**示例 8 - 18　Demo0818. html**

```
<!DOCTYPE HTML PUBLIC "-//W3C//DTD HTML 4.01 Transitional//EN" "http://www.
w3.org/TR/html4/loose.dtd">
<html>
<head>
```

```
<meta http-equiv = "Content-Type" content = "text/html; charset = utf-8" />
<title>层叠方式</title>
  <style type = "text/css">
      .one{width: 300px;
          height: 120px;
          background-color: #F00;
          position: absolute;}
      .two{width: 180px;
          height: 70px;
          background-color: #0F0;
          position: absolute;
          left: 20px;
          top: 10px;
          z-index: 2;}
      .three{width: 100px;
          height: 50px;
          background-color: #00F;
          position: absolute;
          left: 120px;
          top: 50px;
          z-index: 1;}
  </style>
</head>
<body>
  <div class = "one"></div>
  <div class = "two"></div>
  <div class = "three"></div>
</body>
</html>
```

执行结果：

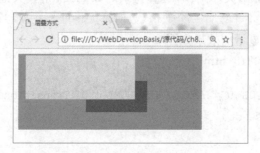

图 8-19

8.5 **上 机 练 习**

- 上机练习 1：制作学校页面导航。
- ◆ 需求说明
    - 导航背景颜色为#06C。
    - 鼠标移入"网站首页"等导航信息时文字颜色变为红色，无下划线。

效果如图 8-20 所示。

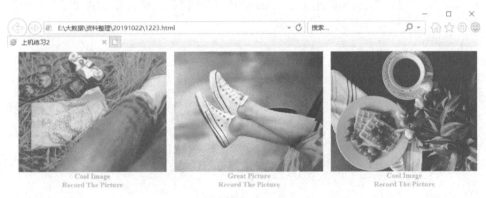

**图 8-20**

- ◆ 上机练习 2：制作缩略图。
- 页面宽度为 1 200px，在浏览器中居中显示。
- 使用无序列表布局图片和文字说明。
- 使用浮动让列表项排列在一行。

效果如图 8-21 所示。

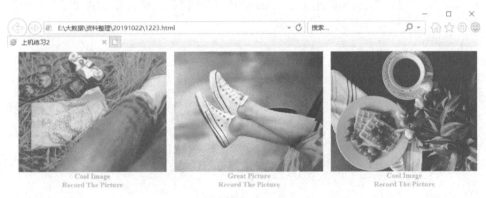

**图 8-21**

- 上机练习 3：带按钮的图片轮播图。
- ◆ 需求说明
    - 使用定位、绝对定位 position: absolute;。
    - 通过 JavaScript，实现数字按钮。

效果如图 8-22 所示。

图 8 - 22

# 小 结

> 使用 display 属性可以转化元素类型。
> 使用 visibility 属性可以设置页面的某元素是否显示。
> 实现页面元素定位的方式分别有浮动定位和定位属性。
> 定位属性分别包含了定位方式 position 属性、边偏移(top、right、bottom、left 等属性)和层叠方式 z-index 属性。
> float 属性也被称为浮动属性,而 clear 属性用于清除页面元素的浮动。

# 网页布局与设计技巧 //////////////////////////////////////

◆ DIV+CSS 布局
◆ 实战首页布局与设计

在前面的项目中,我们分别讲解了 HTML 和 CSS 的基础知识,这些基础知识大多是针对网页元素的,这些元素组合起来可以形成一个完整的网页。本项目将讲解如何组织这些网页元素来形成一个完整的网页以及在网页设计中常用的一些技巧。

## 9.1 网页布局

网页布局是指网页整体的布局。虽然网页的内容很重要,但是如果网页的布局很凌乱,浏览者看起来也会感觉很不舒服。当浏览者打开一个网页时,第一印象就是网页漂不漂亮,然后才会去看网页的具体内容。

### 9.1.1 网页大小

设计网页的第一步,需要考虑的是网页的大小。网页过大,浏览器会出现滚动条,浏览不便;网页过小,则显示内容过少,影响美观。

#### 1. 影响网页大小的因素

直接影响网页大小的因素是浏览者显示器的分辨率。常用的分辨率有 800×600 和 1 024×768 两种。所谓 800×600 的分辨率,也就是在显示器上,横向可以显示 800 个像素、纵向可以显示 600 个像素。而 1 024×768 的分辨率则代表横向可以显示 1 024 个像素、纵向可以显示 768 个像素。

当浏览者使用浏览器打开一个网页的时候,屏幕上除了显示网页内容之外,还会显示浏览器的框架,因此,一个网页不能完全按照显示器的分辨率来设计。在浏览器窗口全屏显示的情况下,除去浏览器边框之外,在 800×600 分辨率的显示器里,网页能显示的区域大约为 780×445 像素;而在 1 024×768 分辨率的显示器里,网页能显示的区域大约为 1 004×613 像素。

**2. 如何设计网页大小**

设计网页的时候，究竟要设计多大的尺寸呢？多年前，大多建议开发者以 800×600 的分辨率来设计网页大小。但近些年计算机硬件的更新换代十分迅速，几乎所有显示器支持 1 024×768 的分辨率了，因此建议在设计网页时以 1 024×768 的分辨率为基础来设计。在该分辨率下，网页的宽度可以设计为 1 004 像素，而网页的高度可以适量地增加，不必局限在 613 像素之内，但也不要太大，最好不要超过三屏，即不要超过 1 800 像素，除非网页的内容十分吸引浏览者。

**3. 其他设计网页大小的方法**

如果开发者比较精益求精的话，也可以设计多个网页，在浏览者打开网页时，先使用 JavaScript 等脚本语言判断用户的显示器分辨率的大小，再跳转到相应的网页上。例如，将同一个网页按照不同的分辨率设计成两个不同的页面，一个是 800. html，另个是 1 024. html。当用户的显示器分辨率为 800×600 时，显示 800. html 文件；当用户的显示器分辨率为 1 024×768 时，显示 1 024. html 文件。不过这么做的话，工作量可不小。其实还有其他办法让网页去适应用户的显示器分辨率，这大多需要结合脚本语言来实现，此内容已经超出了本课程范围，有兴趣的学习者可以参考其他相关书籍。

### 9.1.2 网页栏目划分

在确定网页大小之后，就可以开始设计网页的布局了。网页布局是设计在网页上放些什么内容，以及这些内容放在网页的什么位置。网页设计是没有什么定论可言的，只要设计得漂亮，想怎么设计都行。一个良好的网页，尤其是网站的首页（即网站的第一个页面），都会包含以下几个区域。

**1. 页头**

页头也称为网页的页眉，主要作用是定义页面的标题。通过网页的标题，用户可以一目了然地知道该网页甚至是该网站的主题是什么。通常页头都会放置网站的 LOGO（网站标志）、搜索框、功能栏等。如图 9-1 所示。

图 9-1

**2. 横幅广告**

横幅广告（banner）在许多网站最上方都会放置，不过 banner 的位置不一定在页头上，也有可能出现在网页的其他区域，如图 9-2 所示。banner 放置的也不一定都是广告，有时也会放置一些网站的标题或介绍。还有许多网站干脆就不放置 banner。

**3. 导航菜单**

并不是每个网站都会有横幅广告，但几乎所有网站都会拥有导航菜单区域。导航菜单用于链接网站的各个栏目，通过导航菜单区域也可以看出一个网站的定位是什么，如图 9-3 所示。导航区域通常是以导航条的形式出现的，导航条大致可以分为横向导航条、纵向导航条和菜单导航条三大类。

图 9 - 2

图 9 - 3

## 4. 内容

一个网站按照链接的深度,可以分为多级。

- 一级页面通常是网站的首页,在该页面里的内容比较多,如各栏目的介绍、最新动态、最新更新、重要资讯等。

- 二级页面通常是在首页里单击栏目链接之后的页面,在该页面里的内容是某一个栏目下的所有内容(往往只显示标题)。例如,单击"首页"的导航条中的"link"栏目之后看到的就是二级页面,在该页面里看到相关的内容信息,如图 9 - 4 所示。

图 9 - 4

- 三级页面通常是在二级页面里单击标题后出现的页面,在该页面里的通常是一些具体内容,如图 9 - 5 所示。

图 9 - 5

> **说明：**并不是所有网站都只有这样 3 个级别的内容。

**5. 页脚**

页脚通常是在一个网页的最下方，往往放置公司信息或制作的信息、版权信息等。有些页脚也会存放一些常用的网站导航信息，如图 9 - 6 所示。

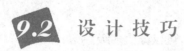

图 9 - 6

# 9.2 设计技巧

使用 DIV＋CSS 布局，虽然比使用表格布局要简洁、方便，但是 DIV 与表格还是有很大区别的，DIV＋CSS 布局没有表格布局那么容易控制。使用表格布局，只要将表格划分好之后，就可以在单元格里填入内容；而使用 DIV＋CSS 布局时，很多初学者不知道要如何控制 DIV 层，总是无法将其摆放到想要放置的位置上。在此我们总结了一些在网站上常用到的网页布局模式，并介绍如何使用 DIV＋CSS 处理这样的布局模式。

## 9.2.1 一栏布局

一栏布局是一种最简单的布局方式。在这种布局方式中，网页中所有内容都以一栏方式显示，其宽度都是一样的。对于这种情况，只需要使用一个简单的 DIV 层就可以实现整体的网页布局。其在浏览器中显示的效果如图 9 - 7 所示。

**示例 9 - 1　Demo0901. html**

```
<!DOCTYPE HTML PUBLIC "-//W3C//DTD HTML 4.01 Transitional//EN" "http://www.
w3.org/TR/html4/loose.dtd">
<html>
  <head>
    <meta http-equiv = "Content-Type" content = "text/html; charset = utf-8" />
    <title>一栏布局</title>
      <style type = "text/css">
        .container{width: 700px;
            height: 400px;
            background-color: #F96;
            margin: 0 auto;}
      </style>
  </head>
```

```
<body>
  <div class="container">
  </div>
</body>
</html>
```

执行结果：

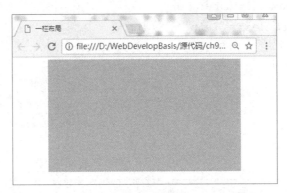

图 9-7

### 9.2.2 二栏布局

二栏布局是将网页分为左侧与右侧两栏，这种布局方式也是网络上使用得很多的布局方式。其在浏览器中显示的效果如图 9-8 所示。

**示例 9-2 Demo0902.html**

```
<!DOCTYPE HTML PUBLIC "-//W3C//DTD HTML 4.01 Transitional//EN" "http://www.
w3.org/TR/html4/loose.dtd">
<html>
  <head>
    <meta http-equiv="Content-Type" content="text/html; charset=utf-8" />
    <title>二栏布局</title>
    <style type="text/css">
        .container{width: 700px;
            margin: 0 auto;}
        .left{width: 200px;
            height: 400px;
            background-color: #F96;
            float: left;}
        .right{
            width: 500px;
```

```
                    height: 400px;
                    background-color: #69F;
                    float: left;}
        </style>
    </head>
    <body>
    <div class = "container">
            <div class = "left"></div>
            <div class = "right"></div>
    </div>
    </body>
</html>
```

执行结果：

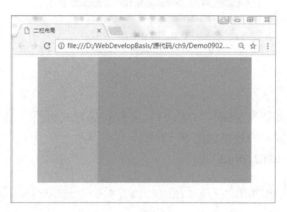

图 9‐8

### 9.2.3 多栏布局

多栏布局是将网页的内容分为左、中、右三大部分，这也是网络中常用到的一种布局方式。通常多栏布局都是将左栏与右栏大小固定，而中间栏大小是可变的，可以随着浏览器大小的改变而改变。这种情况的处理方式，与一栏布局和二栏布局有很大的不同。通常都是用 width 属性将左栏与右栏的宽度固定，并且这两栏都使用绝对定位方式固定到浏览器的左侧和右侧，而中间栏还是以静态层的形式出现，但要为中间栏指定边距距离，边距至少要大于左右栏的宽度。其在浏览器中显示的效果如图 9‐9 所示。

**示例 9‐3　Demo0903.html**

```
<!DOCTYPE HTML PUBLIC "-//W3C//DTD HTML 4.01 Transitional//EN" "http://www.
w3.org/TR/html4/loose.dtd">
<html>
```

```
<head>
    <meta http-equiv = "Content-Type" content = "text/html; charset = utf-8" />
    <title>多栏布局</title>
    <style type = "text/css">
        html, body{margin: 0;
            padding: 0;
            border: 0;}
        h1{text-align: center;}
        #left, #right{
            width: 200px;
            height: 200px;
            background-color: #FFE6B8;
            position: absolute;}
        #left{left: 0;}
        #right{right: 0;}
        #center{margin-left: 210px;
            margin-right: 210px;
            background-color: #EEE;
            height: 200px;}
    </style>
</head>
<body>
        <h1>多栏布局</h1>
        <div id = "left">我是左边</div>
        <div id = "right">我是右边</div>
        <div id = "center">我是中间</div>
</body>
</html>
```

执行结果：

图9-9

**万圣节首页布局与设计**

通过前面 HTML 和 CSS 的学习,我们已经熟练掌握了它们的相关运用。本节将通过一个综合实例来帮助大家更好地理解全书的内容,让初学者能够从总体上掌握如何运用 HTML、CSS 来设计具有现代风格的页面。

### 9.3.1 最终效果展示

使用 DIV+CSS 网页布局进行网页设计,其在浏览器中显示的最终效果如图 9-10 所示。

图 9-10

### 9.3.2 项目文件组成结构

首先创建 HallowmasWebSite 文件夹,然后在此文件夹中分别创建 CSS 和 Images 文件夹,CSS 文件夹中放置外部层叠样式表,Images 文件夹中放置网页所需的素材图像。其项目文件组成结构如图 9-11 所示。

图 9-11

### 9.3.3 引用外部文件及素材

引用外部层叠样式表、网页标题设置、网页标题图标引用、创建最大的容器、Style.css 文件的公共样式设置。其在浏览器中显示的最终效果如图 9 - 12 所示。

**示例 index.html**

```html
<!DOCTYPE HTML PUBLIC "-//W3C//DTD HTML 4.01 Transitional//EN" "http://www.w3.org/TR/html4/loose.dtd">
<html>
  <head>
    <meta http-equiv = "Content-Type" content = "text/html; charset = utf-8" />
    <title>MyHallowmasWeb</title>
    <link type = "text/css"  rel = "stylesheet" href = "CSS/style.css" />
    <link type = "image/ico" rel = "shortcut icon" href = "Images/Logo.ico" />
  </head>
  <body>
    <!--创建最大的容器-->
    <div class = "container">
    </div>
  </body>
</html>
```

**示例 Style.css**

```css
@charset "utf-8";
/* 设置整体样式 */
body {font-family: Tahoma, Geneva, sans-serif;
    font-size: 12px;
    color: #FFF;
    background-color: #000;
    margin: 0;
    padding: 0;
    border: 0;}
a {color: #bde0ff;}
img {border: 0;}
/* 设置最大容器样式 */
.container {margin: 0 auto;
    width: 1000px;}
```

执行结果：

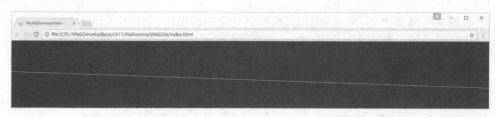

图 9-12

### 9.3.4 页头布局与设计

在页头中包括了网页 LOGO 和导航菜单。首先创建页头区域<div class="header"></div>，并设置页头区域的相关样式。其在浏览器中显示的最终效果如图 9-13 所示。

**示例 index. html**

```
<!--创建最大的容器-->
<div class = "container">
    <!--创建页头区域-->
    <div class = "header">
    </div>
</div>
```

**示例 Style. css**

```
/ * 设置页头区域样式 * /
.header {background: url(../Images/header-bg.jpg) no-repeat left top;
    height: 285px;}
```

执行结果：

图 9-13

在页头区域<div class="header">中创建用于放置万圣节 LOGO 的区域<div class="logo"></div>，并在此区域中创建 LOGO 图像的超链接，最后设置 LOGO 区域中的相关样式。其在浏览器中显示的最终效果如图9-14所示。

**示例 index. html**

```
<!--创建最大的容器-->
<div class = "container">
    <!--创建页头区域-->
    <div class = "header">
        <div class = "logo">
            <a href = "index. html"><img src = "Images/logo. jpg" width =
"256" height = "136" alt = "Logo 图片"></a>
        </div>
    </div>
</div>
```

**示例 Style. css**

```
/*设置页头区域中LOGO区域相关样式*/
    .logo{height: 190px;}
.logo a{display: inline-block;
        padding: 32px 0 0 32px;}
```

执行结果：

图9-14

前面我们创建了页头中的 LOGO 区域及其样式。最后将在页头区域＜div class＝"header"＞中创建用于放置导航菜单的区域＜div class="nav"＞＜/div＞及导航菜单的列表项，并设置它们的相关样式。其在浏览器中显示的最终效果如图9-15所示。

**示例 index. html**

```
<!--创建最大的容器-->
<div class = "container">
    <!--创建页头区域-->
    <div class = "header">
```

```
        <div class = "logo">…</div>
        <div class = "nav">
            <ul>
                <li class = "ref-red"><a href = " index. html">Home Page
</a></li>
                <li><a href = " # ">About Us</a></li>
                <li><a href = " # ">Articles</a></li>
                <li><a href = " # ">Contact Us</a></li>
                <li><a href = " # ">Site Map</a></li>
            </ul>
        </div>
    </div>
  </div>
```

**示例   Style. css**

```
/ * 设置页头区域中导航菜单的相关样式 * /
.nav li {float: left;
    padding-right: 45px; }
.nav  a {text-decoration: none; }
.nav ul .ref-red a{color: #d00e16; }
.nav  a: link, .nav  a: visited {color: #bde0ff; }
.nav  a: hover, .nav  a: active {color: #d00e16; }
```

执行结果：

图 9 - 15

### 9.3.5　具体内容布局与设计

在网页具体内容中包括了背景设置、文本描述、列表描述信息、超链接等。首先创建页面具体内容区域<div class="content"></div>，并在其中创建顶部和底部背景区域，最后设置它们的相关样式。其在浏览器中显示的最终效果如图 9 - 16 所示。

**示例　index. html**

```
<!--创建最大的容器-->
<div class = "container">
    <!--创建页头区域-->
    <div class = "header">…</div>
    <!--创建具体内容区域-->
    <div class = "content">
      <div class = "top">
        <div class = "bottom">
        </div>
      </div>
    </div>
</div>
```

**示例　Style. css**

```
/*设置内容区域样式*/
. content . top {background: url (../Images/content-top. jpg) no-repeat
left top;}
    .top .bottom {background: url(../Images/content-bottom. jpg) no-repeat left
bottom;
        height: 564px;}
```

执行结果：

图 9 - 16

在<div class="bottom">区域中分别创建靠左侧的文本内容区域<div class="box"></div>和靠右侧的万圣节吉祥物区域<div class="mypng"></div>,并设置它们的相关样式。其在浏览器中显示的最终效果如图9-17所示。

**示例 index. html**

```html
<!--创建最大的容器-->
<div class = "container">
    <!--创建页头区域-->
    <div class = "header">…</div>
    <!--创建具体内容区域-->
    <div class = "content">
      <div class = "top">
        <div class = "bottom">
            <div class = "box"></div>
            <div class = "mypng"></div>
        </div>
      </div>
    </div>
</div>
```

**示例 Style. css**

```css
/* 左侧内容区域样式 */
.box {float: left;
    width: 613px;
    padding-top: 20px;
    padding-left: 50px;}
/* 右侧吉祥物图像区域样式 */
.mypng {background: url(../Images/magic.png) no-repeat left center;
    float: right;
    height: 490px;
    width: 335px;}
```

执行结果:

图 9 - 17

在左侧的文本内容区域＜div class＝"box"＞中包含了透明背景元素,分别创建内容顶部的背景区域＜div class＝"con-top"＞＜/div＞和内容底部的背景区域＜div class＝"con-bottom"＞＜/div＞,并设置它们的相关样式。其在浏览器中显示的最终效果如图 9 - 18所示。

**示例　index. html**

```
<!--创建最大的容器-->
<div class = "container">
    <!--创建页头区域-->
    <div class = "header">…</div>
    <!--创建具体内容区域-->
    <div class = "content">
      <div class = "top">
        <div class = "bottom">
          <div class = "box">
              <div class = "con-top"></div>
              <div class = "con-bottom"></div>
          </div>
          <div class = "mypng"></div>
        </div>
```

```
        </div>
    </div>
</div>
```

示例 **Style. css**

```
.con-top {background-image: url(../Images/box-bg.png);
    padding: 10px 40px 10px 40px;
    height: 472px; }
.con-bottom {background: url(../Images/box-bot.png) no-repeat;
    height: 16px; }
```

执行结果：

图 9 - 18

最后将在＜div class＝"con-top"＞区域中创建详细的文本内容，并设置它们的相关样式。其在浏览器中显示的最终效果如图 9 - 19 所示。

示例 **index. html**

```
<!--创建最大的容器-->
<div class = "container">
    <!--创建页头区域-->
    <div class = "header">…</div>
    <!--创建具体内容区域-->
```

```
<div class = "content">
  <div class = "top">
    <div class = "bottom">
      <div class = "box">
        <div class = "con-top">
          <h1>Happy Halloween! </h1>
          <p> Halloween is a free websites style created by
zhdtedu.com team. This website style is optimized for 1024X768 screen resolution.
It is also HTML & CSS valid.
          </p>
          <p>The website style goes with two packages-with PSD
source files and without them. PSD source files are available for free for the
registered members of zhdtedu.com. The basic package (without PSD is available for
anyone without registration).
          </p>
          <p>This website style has several pages: <a href =
"#">Home</a>, <a href = "#">About us</a>,<a href = "#">Article</a>
(with <a href = "#">Article page</a>),<a href = "#">Contact us</a>(note
that contact us form-doesn't work),<a href = "#">Site Map</a>.
          </p>
          <h2>Recent Articles</h2>
          <ul>
            <li><img src = "Images/img1.png" width = "56"
height = "53">
              <h3><a href = "#">The Origin of Halloween
</a></h3>
              <p> Read the fascinating facts about the
history and origin of Halloween. Learn about the history of the holiday's costumes,
masks and celebrations.
              </p>
            </li>
            <li><img src = "Images/img1.png" width = "56"
height = "53">
              <h3><a href = "#">About Halloween Style</
a></h3>
              <p> Free 1028X768 Optimized Websites style
from zhdtedu.com! We really hope that you like this template and will use for your
websites.
```

```
                                        </p>
                                    </li>
                                    <li><img src = "Images/img1.png" width = "56"
height = "53">
                                            <h3><a href = "#">Around the World</a>
</h3>
                                        <p> In this sample article you will read about
how Halloween is celebrated all around the world.
                                        </p>
                                    </li>
                                </ul>
                            </div>
                            <div class = "con-bottom"></div>
                        </div>
                        <div class = "mypng"></div>
                    </div>
                </div>
            </div>
        </div>
```

示例   **Style. css**

```
h1, h2{
    font-family: Georgia, "Times New Roman", Times, serif;
    font-weight: normal;
    color: #bde0ff;}
h1{font-size: 24px;}
h2{font-size: 20px;
    margin-top: 30px;}
.con-top p {padding-bottom: 2px;}
.con-top a: hover, .con-top a: active {text-decoration: none;}
.con-top ul {list-style-type: none;}
.con-top ul li {
    margin-bottom: 3px;
    overflow: hidden;
    height: 70px;}
.con-top ul li img {float: left;
    margin-right: 20px;}
```

```
h3 {margin-bottom: 5px;}
h3 a {
    color: #FFF;
    text-decoration: none;}
.con-top h4 a: hover, .con-top h4 a: active {text-decoration: underline;}
```

执行结果：

图 9-19

### 9.3.6  页脚布局与设计

在页脚中包括了公司信息或制作的信息、版权信息等，创建页脚区域＜div class＝"footer"＞＜/div＞，然后在其中分别创建左侧版权信息和右侧公司信息区域，并设置它们的相关样式。其在浏览器中显示的最终效果如图 9-20 所示。

**示例  index. html**

```
<!--创建最大的容器-->
<div class = "container">
    <!--创建页头区域-->
    <div class = "header">…</div>
    <!--创建具体内容区域-->
    <div class = "content">…</div>
    <div class = "footer">
```

```
        <div class = "f-left">Copyright-Type in Your Name</div>
        <div class = "f-right">Designed by: <img src = "Images/ZHDT-Logo.
png" width = "110" height = "24">Your <a href = "#"> IT Learning</a> Platform
        </div>
    </div>
</div>
```

**示例  Style. css**

```css
/* 设置页脚区域样式 */
.footer {background: url(../Images/footer-bg.jpg) no-repeat;
    height: 80px;}
.f-left {float: left;
    margin-left: 55px;
    padding-top: 12px;}
.f-right {float: right;
    margin-right: 85px;}
.f-right img {position: relative;
    top: 6px;}
.f-right a: hover, .f-right a: active {text-decoration: none;}
```

执行结果:

图 9 - 20

**上 机 练 习**

按照图 9 - 21 所示,完成静态页面。

图 9 - 21

## 小 结

> 网页布局的第一步,需要考虑的是网页的大小。网页过大,浏览器会出现滚动条,浏览不便;网页过小,则显示内容过少,影响美观。

> 在确定网页大小之后,就可以对网页进行栏目划分,栏目的划分分为页头、横幅广告、导航菜单、内容及页脚。

> 使用 DIV+CSS 布局比使用表格布局要简洁、方便。DIV+CSS 布局可以分为一栏布局、二栏布局和多栏布局方式。

> 在万圣节首页布局与设计中,分别详细讲解了页头的制作、具体内容的制作和页脚的制作。

# HTML 5 介绍 //////////////////////////////////////////

## 项目 重点

◆ HTML 5 文档格式
◆ HTML 5 结构元素

**10.1** HTML 5

HTML 5 是继 HTML 4.01 和 XHTML 1.0 之后的超文本标记语言的最新版本。它是由一群自由思想者组成的团队设计出来的,并最终实现多媒体支持、交互性、更加智能的表单,以及更好的语义化标记。

HTML 5 并不仅仅是 HTML 规范的最新版本,而是一系列用来制作现代富 Web 内容的相关技术的总称,其中最重要的 3 项技术分别为:HTML 5 核心规范(标记元素)、CSS(层叠样式表第三代)和 JavaScript。

### 10.1.1 HTML 的历史

1993 年 HTML 首次以因特网草案的形式发布,然后经历了 2.0、3.2 和 4.0,直到 1999 年的 HTML 4.01 版本稳定下来。后来逐步被更加严格的 XHTML 取代。

#### 1. XHTML 的兴衰史

自从 HTML 4.01 版本发布之后,掌握着 HTML 规范的 W3C 组织没有再发布新的标准,而是围绕着 XHTML 1.0 以及之后的 XHTML 2.0 展开工作。XHTML 是基于 XML、致力于实现更加严格并且统一的编码规范的 HTML 版本,以解决之前 XHTML 1.0 版本由于编码不规范导致的浏览器的各种古怪行为。所以,Web 开发者对 XHTML 非常拥护。XHTML 极大的好处,就是强迫开发者养成良好的编码习惯,放弃 HTML 的凌乱的写法,最终降低了浏览器解析页面的难度,方便移植到更多平台。

XHTML 2.0 规范了更严格的错误处理规则,强制要求浏览器拒绝无效的 XHTML 2 页面,强制 Web 开发者写出绝对正确规范的代码,同时不得向下兼容,摒弃 HTML 遗留的怪异行为和编码习惯。按理说,取其精华、舍其糟粕应该是好事。但是,这样的话,数亿的页面将无法兼容,Web 开发者的难度又被加大,并且制定的这个标准又太过久远,最终被抛弃。

**2. HTML 5 的回归**

2008 年 W3C 发布了 HTML 5 的工作草案,2009 年停止了 XHTML 2 计划。又过去大概一年,HTML 5 规范进一步解决了诸多非常实际的问题,各大浏览器厂商开始对旗下的产品进行升级,以便支持 HTML 5。这样,得益于浏览器的实验反馈,HTML 5 规范得到了持续的进步和完善,从而迅速融入 Web 平台的实质性改进中。

和 XHTML 2.0 不同,制定 HTML 5 规范的人们并不想挑出以往 HTML 的各种毛病并为其改正,而是尽可能地补全 Web 开发者急需的各种功能。这些功能包括更强大的 CSS 3、表单验证、音频视频、本地储存、地理定位、绘画(Cavas)、Web 通信等。

**10.1.2　HTML 5 的特点**

**1. 向下兼容**

相对于 XHTML 2.0 要求遵循规则,否则不予显示的方式,HTML 5 却实行"不破坏 Web"的原则。也就是说,以往已存在的 Web 页面,还可以保持正确的显示。

当然,面对开发者,HTML 5 规范要求摒弃过去那些编码坏习惯和废弃的标记元素;而面对浏览器厂商,要求它们兼容 HTML 遗留的一切,以做到向下兼容。

**2. 用户至上**

HTML 5 遵循"用户至上"的原则,在出现具体问题时,会把用户放在第一位,其次是开发者,然后是浏览器厂商,最后才是规范制定者。例如,开发者在编码时的不严谨导致本该出现警告或错误时,却正常显示了页面。

**3. 化繁为简**

HTML 5 对比之前的 XHTML,做了大量的简化工作。具体如下:

(1) 以浏览器的原生能力代替复杂的 JavaScript;

(2) DOCTYPE 被简化到极致;

(3) 字符集声明被简化;

(4) 简单强大的 API。

**4. 无插件范式**

在 HTML 5 出现之前,很多功能只能通过插件来实行,但 HTML 5 原生提供了这些支持。使用插件有很多问题,具体如下:

(1) 插件安装容易失败;

(2) 插件被浏览器或软件禁用屏蔽(如 Flash 插件);

(3) 插件经常会被爆出漏洞或被利用攻击;

(4) 插件不容易与 HTML 文档其他部分集成(如整体透明化等)。

**5. 引入语义**

HTML 5 引入了一些用来区分不同含义和内容的标记元素。这种方式极大地加强了编码人员的可读性和代码区域查询的便利性。

**6. 引入原生媒体支持**

HTML 5 的一次大改进是支持在浏览器中直接播放视频和音频文件,以前都需要借助插件才能实现此类功能。

## 10.2　HTML 5 基本格式

### 10.2.1　HTML 5 文档结构

```
<!DOCTYPE html>
<html lang = "en">
<head>
    <meta charset = "UTF-8">
    <title>基本结构</title>
</head>
<body>
  <h1>基本结构</h1>
</body>
</html>
```

### 10.2.2　文档结构解析

**1. Doctype**

文档类型声明(document type declaration,也称 Doctype)。它主要告诉浏览器所查看的文件类型。在以往的 HTML 4.01 和 XHTML 1.0 中,它表示具体的 HTML 版本和风格。而如今 HTML 5 不需要表示版本和风格了。

<!DOCTYPE html> //不区分大小写

**2. html 元素**

首先,元素就是标记的意思,html 元素即 html 标记。html 元素是文档开始和结尾的元素。它是一个双标记,头尾呼应,包含内容。这个元素有一个属性和值:lang="zh-cn",表示文档采用语言为:简体中文。

<html lang="zh-cn"> //如果是英文则为 en

**3. head 元素**

用来包含元数据内容,元数据包括:<link>、<meta>、<noscript>、<script>、<style>、<title>。这些内容用来为浏览器提供信息,例如 link 提供 CSS 信息,script 提供 JavaScript 信息,title 提供页面标题等。

<head>...</head>//这些信息在页面不可见

**4. meta 元素**

这个元素用来提供关于文档的信息,起始结构有一个属性为:charset="utf-8"。表示告诉浏览器页面采用什么编码,一般来说我们就用 utf-8。当然,文件保存的时候也是 utf-8,

而浏览器也设置 utf-8 即可正确显示中文。

&lt;meta charset="utf-8"&gt; //除了设置编码,还有别的

5. title 元素

这个元素很简单,顾名思义:设置浏览器左上角的标题。

&lt;title&gt;基本结构&lt;/title&gt;

6. body 元素

用来包含文档内容的元素,也就是浏览器可见区域部分。所有的可见内容,都应该在这个元素内部进行添加。

&lt;body&gt;...&lt;/body&gt;

##  10.3 HTML 5 的结构元素

通过前面项目的学习,我们知道在写页面的时候,必须先划分结构,例如&lt;div class="footer"&gt;,但是浏览器并不知道你的&lt;div class="footer"&gt;是一个页脚,它只知道这是一个 div。新的 HTML 5 标记正是考虑到这一点,因此提供了几个结构元素来划分网页结构。结构元素的主要作用就是划分各个不同的内容,让整体布局清晰明快,让这个布局元素具有语义,进一步替代 div。详见表 10-1。

表 10-1

| 元素名 | 描述 |
| --- | --- |
| header | 标题头部区域的内容(用于页面或页面中一块区域) |
| footer | 标记脚部区域的内容(用于整个页面或页面的一块区域) |
| section | Web 页面中的一块独立区域 |
| article | 独立的文章内容 |
| aside | 相关内容或应用(常用于侧边栏) |
| nav | 导航类辅助内容 |

## 10.4 案 例 分 析

图 10-1 中,把一个页面的结构划分了出来,分别在每块对应的部分添加应用的内容。通过这些有语义化的结构标记不仅可以使网页结构更清晰、明确,还有利于搜索引擎的检索。

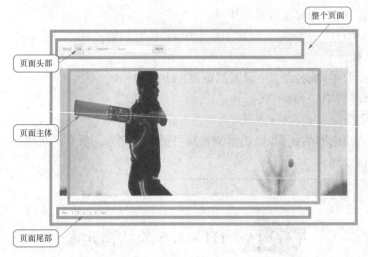

图 10 - 1

```
<!DOCTYPE html>
<html lang = "en">
<head>
    <meta charset = "UTF-8">
    <title>HTML5 结构元素</title>
    <style>
        header, section, footer{
            height: 200px;
            border: 1px solid red;
        }
    </style>
</head>
<body>
    <header>
        <h2>网页头部</h2>
    </header>
    <section>
        <h2>网页主体部分</h2>
    </section>
    <footer>
        <h2>网页底部</h2>
    </footer>
</body>
</html>
```

**图书在版编目(CIP)数据**

网页设计与制作项目化教程/王瑶,韩亚军主编. —上海:复旦大学出版社,2020.8
ISBN 978-7-309-15201-2

I.①网… Ⅱ.①王… ②韩… Ⅲ.①网页制作工具-高等职业教育-教材 Ⅳ.①TP393.092.2

中国版本图书馆 CIP 数据核字(2020)第 134231 号

**网页设计与制作项目化教程**
王 瑶 韩亚军 主编
责任编辑/陆俊杰

复旦大学出版社有限公司出版发行
上海市国权路 579 号 邮编:200433
网址:fupnet@ fudanpress.com http://www.fudanpress.com
门市零售:86-21-65102580 团体订购:86-21-65104505
外埠邮购:86-21-65642846 出版部电话:86-21-65642845
上海春秋印刷厂

开本 787×1092 1/16 印张 15.25 字数 365 千
2020 年 8 月第 1 版第 1 次印刷

ISBN 978-7-309-15201-2/T·679
定价:49.00 元